コーチと入試対策！ **10**日間 完成

中学3年間の総仕上げ
理科

JN019263

◀ **この本のコーチ**
・ハプニングにも動じない。
・帽子のコレクション多数。
・日々の散歩は欠かせない。

付録

● **入試チャレンジテスト**
「解答と解説」の前についている冊子

● **応援日めくり**

 ←コーチ？

ある日の
○△中学校
の校庭

ダン
ダン
ダン

ねぇねぇ,
受験勉強してる？

う〜ん...

目の前の
テストがおわると
気がぬけるよね...。

わかる

中間や期末のテスト勉強はしてきたけど
もう昔やったテスト範囲のことは
覚えてないかも

マッピ
チェック
よし！

ぼくたち
受験生としては
ちょっとヤバいかもね

チューニング
OK   フッ

わかってる〜
けど〜

ピュー

まてぇ

プププ
どうしたら
プププ
よいのかね

わー
うまい
うまいっ!!

あっ

高校入試は〜
まさに
ブルースぅ〜

あははっ

ふかないで
うたっちゃってる...!

2

Point① 要点を確認しよう で 最重要事項を確認!

攻略のキーワードで重要用語をサクッとチェック!

次は穴うめ問題! 役に立つアドバイスもついてるぞ!

解き終わってから見直すと **要点のまとめ** になってる!

重要用語の整理ができる!

Point② 問題を解こう で 実力チェック!

ゴクリ

時間をはかって100点満点のテストにチャレンジ!

1日4ページ × 10日間ですっきり頭に入るしくみだよ!

あの〜

えっへん

答え合わせでまちがえたとき, 解説を読んでもわからないことがあるんだけど...。

わかる!

問題集あるあるだね!

Point③ みやすい! くわしい! 解答解説!!

答え合わせしやすい!

こっ...ここにも解説つっ

Point④ 点数を記録して弱点を発見!

ふりかえりシートもあるよ!

Point ⑤
まだまだ！巻末には
入試チャレンジテスト！

解答用紙もついてる！

ぐぐーっ

入試当日をイメージして本番っぽくやってみようかな！

Point ⑥
日めくり
もあるよ！

コトリ・・・

エーカワイイ♡

眺めるだけで楽しく覚えられそう〜

おぉっ

ウラにも何かある...!?

ウラ面も見てみてね！

なかみもいいし付録もいい！

これならできそうな気がしてきたー

ヨカッタヨカッタ

合格めざしていっしょにがんばろうね！

おさらい

1日4ページ

重要事項をチェック！
「図で確認しよう」

⟸ 1日目〜10日目 ⟹

その日のうちに

模擬テスト
「入試チャレンジテスト」

要点 を確認しよう　問題 を解こう

 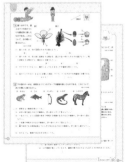

「応援日めくり」

「ふりかえりシート」

1日目 生物の分類，生物の体①

生物の体のつくりやはたらき，生物をつくる細胞について学習しよう！

解答 > p.2〜3

要点 を確認しよう 〔 〕にあてはまる語句を，攻略のキーワード🔑から選んで書きましょう。

① 植物のなかま

🔑 平行脈 胞子 単子葉類 被子植物 子房 胚珠 柱頭 主根 網状脈
ひげ根 双子葉類 裸子植物 種子植物 受粉 根毛 側根

生物には，いろいろな種類があるよ。種類によってどのようなちがいがあるのか注目しよう。

●〔① 〕…種子をつくる植物。

▶めしべの先端の部分を〔② 〕，めしべの根もとのふくらんだ部分を〔③ 〕という。

▶〔④ 〕…めしべの子房の中にある小さな粒。

▶〔⑤ 〕…被子植物のめしべの柱頭や，裸子植物の胚珠に花粉がつくこと。

▶網目状になっている葉脈を〔⑥ 〕，平行になっている葉脈を〔⑦ 〕という。

▶〔⑧ 〕…太い根。そこから枝分かれする細い根を〔⑨ 〕という。

▶〔⑩ 〕…土の中に広がる，多数の細い根。

▶〔⑪ 〕…根の先端近くの細い毛のような部分。

双子葉類は合弁花類と離弁花類に分類できるね。

● 双子葉類と単子葉類

▶子葉が2枚の植物を〔⑫ 〕，子葉が1枚の植物を〔⑬ 〕という。

● 被子植物と裸子植物

▶〔⑭ 〕…胚珠が子房の中にある植物。

▶〔⑮ 〕…胚珠がむき出しになっている植物。

種子をつくらない植物は，シダ植物とコケ植物だよ。

● 種子をつくらない植物
胞子のうに入っている〔⑯ 〕でふえる。

② 動物のなかま

🔑 無脊椎動物 脊椎動物

●〔① 〕…背骨をもつ動物。**魚類，両生類，は虫類，鳥類，哺乳類**の5つのグループがある。

●〔② 〕…背骨をもたない動物。**節足動物，軟体動物**など。

5つのグループは，生まれ方や呼吸のしかたなどにちがいがあるよ。

ガンバレ

❸ 細胞と生物の体

🔑 細胞呼吸　核　細胞膜　葉緑体　単細胞生物　多細胞生物　組織
　　細胞質　器官　細胞壁

植物の細胞と動物の細胞のつくりでは，共通している部分と，植物にしかない部分があるから，覚えておこう。

●生物をつくる細胞

細胞のいちばん外側には〔① 　　　　　　　〕といううすい膜があり，細胞の中にはふつう1つの〔② 　　　　　　　〕がある。

●植物の細胞と動物の細胞

植物の細胞には緑色の小さな〔③ 　　　　　　　〕や**液胞**があり，**細胞膜**の外側には〔④ 　　　　　〕がある。

〔②〕と〔④〕以外の部分を〔⑤ 　　　　　　　〕という。

植物の細胞
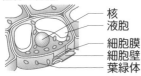
　核
　液胞
　細胞膜
　細胞壁
　葉緑体

動物の細胞
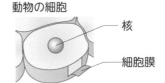
　核
　細胞膜

細胞呼吸は内呼吸，肺で行う呼吸は外呼吸ともいうよ。

● 〔⑥ 　　　　　　　〕…細胞で行われる，酸素を使って養分からエネルギーをとり出すはたらき。このとき，二酸化炭素が放出される。

●単細胞生物と多細胞生物

体が1つの細胞からできている生物を〔⑦ 　　　　　　　〕，体が多数の細胞からできている生物を〔⑧ 　　　　　　〕という。

多細胞生物の「細胞→組織→器官→個体」という体の成り立ちは，植物でも動物でも同じだよ。

●組織と器官

▶ 〔⑨ 　　　　　　　〕…形やはたらきが同じ細胞の集まり。

▶ 〔⑩ 　　　　　　　〕…植物の葉やヒトの胃などのように，特定のはたらきをする部分。いくつかの**組織**が集まってできている。

❹ 植物の体のつくりとはたらき

🔑 維管束　蒸散　呼吸　光合成　気孔

● 〔① 　　　　　　　〕…植物が，光のエネルギーを使って，デンプンなどの養分をつくるはたらき。

● 〔② 　　　　　　　〕…生物が，酸素をとり入れ，二酸化炭素を出すはたらき。

● 〔③ 　　　　　　　〕…主に〔④ 　　　　　　　〕から，植物の体の中の水が，水蒸気となって出ていくこと。

● 〔⑤ 　　　　　　　〕…水と肥料分（無機養分）の通り道である**道管**と，葉でつくられた養分の通り道である**師管**の集まり。

維管束によって，いろいろな物質が植物の体全体に運ばれていることに注目しよう。

ここで学んだ内容を次で確かめよう！

問題 を解こう

/ **100**点 **30**分

1 図1はサクラ, 図2はマツの花のつくりを模式的に表したものである。これについて, 次の問いに答えなさい。

4点×9 (36点)

図1 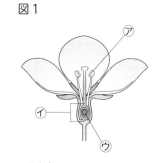　　図2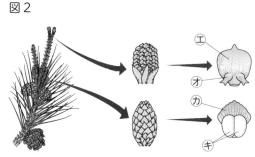

(1) 図1のⒶ, Ⓘ, Ⓤの名称をそれぞれ答えなさい。

Ⓐ (　　　　　　　)　Ⓘ (　　　　　　　)　Ⓤ (　　　　　　　)

(2) 図1のⒶ, Ⓘ, Ⓤと同じ役割をする部分を, 図2のⒺ～Ⓚからそれぞれ選びなさい。同じ役割をする部分がない場合は×を書きなさい。

Ⓐ (　　　　　　　)　Ⓘ (　　　　　　　)　Ⓤ (　　　　　　　)

(3) サクラやマツのように, 種子によってなかまをふやす植物を何というか。

(　　　　　　　)

(4) 花のつくりのちがいをもとに分類した場合, サクラ, マツはそれぞれ何植物に分類されるか。　　サクラ (　　　　　　　)　マツ (　　　　　　　)

2 下の図のⒶ～Ⓞは, 背骨をもつ5つのグループの動物を表したものである。これについて, あとの問いに答えなさい。

4点×6 (24点)

Ⓐ カエル 　　Ⓘ コイ 　　Ⓤ ペンギン 　　Ⓔ トカゲ 　　Ⓞ シマウマ

(1) 背骨をもつ動物を何というか。　　　　　　　　　　(　　　　　　　)

(2) 水中に卵を産むのはどの動物か。Ⓐ～Ⓞからすべて答えなさい。(　　　　　)

(3) 一生のうち, えらと皮膚の両方で呼吸する時期があるのはどの動物か。Ⓐ～Ⓞから答えなさい。

(　　　　　　　)

(4) 一生肺で呼吸するのはどの動物か。Ⓐ～Ⓞからすべて答えなさい。(　　　　　)

(5) 雌の体内である程度成長してから子が生まれるのはどの動物か。Ⓐ～Ⓞから選びなさい。

(　　　　　　　)

(6) (5)のような, 動物の生まれ方を何というか。　　　(　　　　　　　)

3 図1，2は，植物と動物の細胞のつくりを模式的に表したものである。これについて，次の問いに答えなさい。

4点×6（24点）

(1) 植物の細胞を表しているのは，図1，図2のどちらか。（　　　　　）

(2) 植物と動物の細胞には，共通したつくりがある。図1の⑦，⑦と同じつくりを図2の⑦～㋖から選びなさい。

　　　⑦と同じつくり（　　　　　）

　　　⑦と同じつくり（　　　　　）

(3) 図2で，㋓を除（のぞ）いた㋕のまわりの部分を何というか。（　　　　　）

(4) 図2の㋓は，どのようなことに役立っているか。簡単（かんたん）に説明しなさい。

（　　　　　　　　　　　　　　　　　　）

(5) 生物の体をつくっている1つ1つの細胞は，酸素と養分をとり入れて，生きるためのエネルギーをとり出している。このはたらきを何というか。　　　（　　　　　　　）

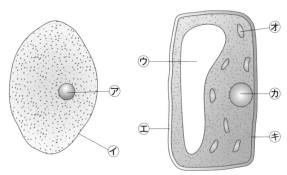

図1　　　　　図2

4 次のような手順で実験を行った。これについて，あとの問いに答えなさい。

4点×4（16点）

> **手順1** 同じ植物の葉4枚に，図のようにワセリンをぬり，チューブ4本と4枚の葉を水槽（すいそう）の水の中でつないだ。
>
> **手順2** 1の4組を葉の表側を上にしてバットに置き，約10分後にチューブの水の位置をものさしではかった。

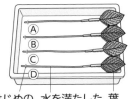

ワセリンを
Ⓐ表側と裏側にぬる。
Ⓑ裏側のみにぬる。
Ⓒ表側のみにぬる。
Ⓓ塗らない。

はじめの　水を満たした　葉
水の位置　チューブ

(1) 水の位置の変化から，何の量がわかるか。（　　　　　　　）

(2) 葉にワセリンをぬると，植物の何という現象をおさえることができるか。

（　　　　　　　）

(3) 水の位置の変化は，Ⓓ＞Ⓒ＞Ⓑ＞Ⓐの順に多かった。このことから，気孔の数が多いのは，葉の表側と裏側のどちらであるといえるか。（　　　　　）

(4) (2)の現象が起こっているとき，植物の根ではどのようなはたらきが行われているか。

（　　　　　　　）

動物の体のつくりや,生命のつながり,生物と環境について学習しよう!

2日目 生物の体②, 生命の連続性, 生物と環境

解答 ▷ p.4～5

要点を確認しよう 〔　〕にあてはまる語句を,攻略のキーワード🔑から選んで書きましょう。

① 動物の体のつくりとはたらき

🔑 体循環　消化　動脈　静脈血　中枢神経　反射　動脈血　肺胞　消化管　消化酵素　吸収　運動神経　組織液　排出　静脈　末しょう神経　肺循環　感覚神経

> 消化と吸収を最初に学ぶよ。消化された食物のゆくえに注目しよう。

●消化, 吸収, 呼吸

▶〔① 　　　　　〕…食物の栄養分を吸収されやすい形に変化させること。

▶〔② 　　　　　〕…口から肛門までつながる食物の通り道。

▶〔③ 　　　　　〕…消化液にふくまれ, 食物を吸収されやすい形に分解する物質。アミラーゼ, ペプシンなど。

▶〔④ 　　　　　〕…消化された栄養分を体内にとり入れること。

▶〔⑤ 　　　　　〕…肺の気管支の先端にある小さな袋。

●血液とその循環, 排出

> 血液の成分には, 赤血球, 白血球, 血小板, 血しょうがあったね。

▶**動脈と静脈**…血液が心臓から出る血管を〔⑥ 　　　　　〕, 血液が心臓へもどる血管を〔⑦ 　　　　　〕という。

▶〔⑧ 　　　　　〕…毛細血管からしみ出した血しょうの一部。

▶**肺循環と体循環**…心臓から肺, 肺から心臓へもどる血液の流れを〔⑨ 　　　　　〕, 心臓から肺以外の全身を回って心臓にもどる血液の流れを〔⑩ 　　　　　〕という。

> 血液は, 酸素を多くふくんでいるか, 二酸化炭素を多くふくんでいるかで, 2つに分けられるよ。

▶**動脈血と静脈血**…酸素を多くふくむ血液を〔⑪ 　　　　　〕, 二酸化炭素を多くふくむ血液を〔⑫ 　　　　　〕という。

▶〔⑬ 　　　　　〕…不要な物質を体外へ出すはたらき。

●刺激と反応

▶**神経系**…脳や脊髄からなる〔⑭ 　　　　　〕と, そこから枝分かれして全身に広がる〔⑮ 　　　　　〕で構成される。

▶**感覚神経と運動神経**…〔⑮〕のうち, **感覚器官**からの刺激の信号を脳や脊髄へ伝える神経を〔⑯ 　　　　　〕, 脳や脊髄の命令の信号を**運動器官**へ伝える神経を〔⑰ 　　　　　〕という。

> 感覚器官には, 目, 耳, 鼻, 舌, 皮膚などがあるね。

▶〔⑱ 　　　　　〕…刺激に対して意識と無関係に起こる反応。

10

❷ 生命・生物どうしのつながり

🔑 消費者　無性生殖　DNA　潜性形質　遺伝　減数分裂　有性生殖
進化　食物連鎖　体細胞分裂　生産者　生殖細胞　顕性形質
対立形質　形質　生殖　相同器官

●生物の成長とふえ方

▶〔① 　　　　　　　〕…生物の形や性質のこと。

▶〔② 　　　　　　　〕…生物の体をつくる体細胞での細胞分裂。

▶〔③ 　　　　　　　〕…生物が自らと同じ種類の子をつくること。

▶受精によらない生殖を〔④ 　　　　　　　〕，受精による生殖を
〔⑤ 　　　　　　　〕という。

▶〔⑥ 　　　　　　　〕…有性生殖のための特別な細胞。植物の精
細胞や卵細胞，動物の精子や卵など。

▶〔⑦ 　　　　　　　〕…生殖細胞がつくられるときの細胞分裂。

●〔⑧ 　　　　　　　〕…親の形質が子や孫に伝わること。

▶〔⑨ 　　　　　　　〕…同時に現れない対をなす形質。

▶顕性形質と潜性形質…対立形質のそれぞれについての純系をかけ合
わせたとき，子に現れる形質を〔⑩ 　　　　　　　〕，子に現れ
ない形質を〔⑪ 　　　　　　　〕という。

▶〔⑫ 　　　　　　　〕…遺伝子の本体である物質。

●〔⑬ 　　　　　　　〕…生物が代を重ねる間に変化すること。

▶〔⑭ 　　　　　　　〕…同じものからの変化と考えられる器官。

●〔⑮ 　　　　　　　〕…生物どうしの食べる・食べられるという関
係。有機物をつくる生物を〔⑯ 　　　　　　　〕，〔⑯〕のつくった
有機物をとりこむ生物を〔⑰ 　　　　　　　〕という。

❸ 自然環境・科学技術と人間

🔑 再生可能エネルギー　地球温暖化　持続可能な社会　外来種

●〔① 　　　　　　　〕…地球の平均気温が上昇する傾向にあること。

●〔② 　　　　　　　〕…もともと生息していなかった地域に，人間
によって持ちこまれて野生化し，定着した生物。

●〔③ 　　　　　　　〕…太陽のエネルギーのように，いつまで
も利用できるエネルギー。

●〔④ 　　　　　　　〕…エネルギー資源や豊かな自然環境を，
現在や将来にわたって安定して手に入れることのできる社会。

生物のもつ特徴は，ど
のように受けつがれて
いくのか注目しよう。

生殖細胞がつくられる
ときは，染色体の数が
半分になるね。でも，
受精すると，もとの数
にもどっているね。

生物の死がいやふんな
どを分解する分解者は，
消費者の中にふくまれ
ていることを覚えてお
こう。

ガンバレ

放射線の性質や，プラ
スチックの長所と問題
点についてもまとめて
おこう。

ここで学んだ内容を
次で確かめよう！

問題 を解こう

100点 30分

1 だ液のはたらきを調べるため，次のような実験を行った。これについて，あとの問いに答えなさい。
5点×4（20点）

> **手順1** 図1のように，2本の試験管A，Bを用意し，36℃くらいの水に10分間入れた。
>
> **手順2** 図2のように，試験管A，Bからそれぞれ溶液を半分だけとり出し，ヨウ素液を2，3滴加え，色の変化を見た。
>
> **手順3** 図3のように，試験管A，Bの残りの溶液にベネジクト液を加え，加熱した。

図1
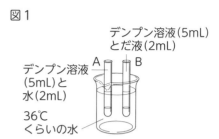

図2　図3
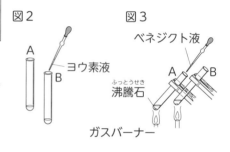

(1) 手順1で，36℃くらいの水につけるのはなぜか。
（　　　　　　　　　　　）

(2) 手順2で，青紫色の変化が見られたのは，A，Bのどちらの試験管か。（　　　　）

(3) 手順3で，赤褐色の沈殿が見られたのは，A，Bのどちらの試験管か。（　　　　）

(4) デンプンがだ液によって麦芽糖（ブドウ糖が2つつながったもの）などに変化したことがわかるのは，手順2，3のどちらか。（　　　　）

2 タマネギの根の先端部を切りとり，うすい塩酸で処理した後，染色液をたらすなどの操作をして，プレパラートをつくった。右の図は，そのプレパラートを顕微鏡で観察したときのスケッチである。これについて，次の問いに答えなさい。
5点×4（20点）

(1) ⑦～⑰の細胞を，⑦を始まりとして⑦が最後になるように，細胞分裂の順に並べなさい。

（ ⑦ → 　　 → 　　 → 　　 → ⑦ ）

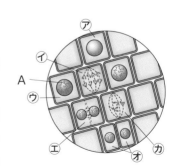

(2) ⑰の細胞の中に見られるひも状のAを何というか。
（　　　　　　　　　　　）

(3) (2)の数が，⑦の細胞では16本とすると，⑦のそれぞれの細胞では何本か。次の**ア～エ**から選びなさい。（　　　　）

ア 4本　**イ** 8本　**ウ** 16本　**エ** 32本

(4) この実験の細胞分裂のように，体が成長するための細胞分裂を何というか。
（　　　　　　　　　　　）

③は，遺伝の規則性についての問題だよ。分離の法則のしくみにしたがって考えていくと，⑷の比がわかるよ。⑸は，⑷の比を利用して計算しよう。

3 右の図のように，①丸い種子をつくる純系のエンドウと②しわのある種子をつくる純系のエンドウをかけ合わせてできた子の種子はすべて丸い種子だった。エンドウの種子を丸くする遺伝子をA，しわにする遺伝子をaとして，次の問いに答えなさい。

5点×6（30点）

受粉

親

丸い種子を
つくる純系
のエンドウ

しわのある
種子をつくる
純系のエンドウ

子

すべて丸い種子

(1) 下線部①，②の遺伝子の組み合わせをA，aを用いて表しなさい。 ①（　　　　　） ②（　　　　　）

(2) 子の種子がすべて丸い種子であったことから，丸の形質はしわの形質に対して何というか。

（　　　　　　　　　）

(3) 子の代の遺伝子の組み合わせをA，aを用いて表しなさい。 （　　　　　）

(4) 子の種子を育て，自家受粉させて孫の種子をつくったところ，丸い種子としわのある種子が現れた。その数の割合はおよそどうなるか。最も簡単な整数比で表しなさい。

丸：しわ＝（　　　　　）

(5) ⑷で得られた孫の代の種子が6000個とすると，そのうち丸い種子はおよそ何個と考えられるか。 （　　　　　）

4 右の図は，自然界での物質の循環を表したものである。これについて，次の問いに答えなさい。

5点×6（30点）

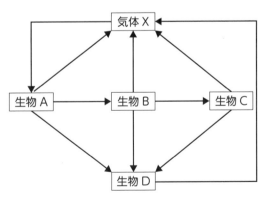

気体X

生物A　　生物B　　生物C

生物D

(1) 図の気体Xは何か。 （　　　　　　　　　）

(2) 図の生物A〜Dのうち，生産者，分解者はどれか。A〜Dで答えなさい。

生産者（　　　　　）

分解者（　　　　　）

(3) 生物の数量関係のつり合いが保たれているとき，生物A，B，Cの数量にはどのような関係があるか。多い順に左からA〜Cで答えなさい。 （　　　　　）

(4) ⑶の数量関係は，一時的な増減があっても，通常は再びもとにもどる。しかし，人間の活動によって持ちこまれて定着した生物によって数量関係のつり合いがくずされると，もとにもどらないことがある。そのような生物を何というか。 （　　　　　）

(5) 近年，図の気体Xの増加が地球の平均気温を上昇させていると考えられている。この，地球の平均気温が上昇する傾向にあることを何というか。 （　　　　　）

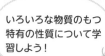

いろいろな物質のもつ
特有の性質について学
習しよう！

3日目 身のまわりの物質

解答 > p.6〜7

要点 を確認しよう　　〔　〕にあてはまる語句を，攻略のキーワード🔑から選んで書きましょう。

① いろいろな物質

🔑 金属　無機物　体積　非金属　熱　炭素　質量

物質の性質のちがいに
注目すると，さまざま
な観点で物質を分類で
きるよ。

●有機物と無機物

▶ 有機物…〔①　　　　　　　　　〕をふくむ物質。

▶〔②　　　　　　　　〕…有機物以外の物質。

●金属と非金属

▶〔③　　　　　　　　〕…(1)みがくと輝く（金属光沢）。(2)たたくと
広がり（展性），引っ張るとのびる（延性）。(3)電流が流れやすく，
〔④　　　　　　　　〕が伝わりやすい。

▶〔⑤　　　　　　　　〕…〔③〕でない物質。

●密度…物質の一定の体積（1 cm³）あたりの質量。

$$\text{密度〔g/cm}^3\text{〕} = \frac{\text{物質の〔⑥　　　　　　　　〕〔g〕}}{\text{物質の〔⑦　　　　　　　　〕〔cm}^3\text{〕}}$$

密度は物質ごとに決ま
っているので，物質の
体積がわかればその質
量を求められるね。

② 気体の発生と性質

🔑 酸素　上方置換法　二酸化炭素　下方置換法　水

●気体の性質

▶〔①　　　　　　　　〕…ものを燃やすはたらき（助燃性）がある。
うすい過酸化水素水を二酸化マンガンに加えると発生する。

▶〔②　　　　　　　　〕…石灰水を白くにごらせる。石灰石にうす
い塩酸を加えたり，有機物を燃やすと発生する。

水素やアンモニアの性
質も覚えておこう。

●気体の集め方

水上置換法	〔④　　　　　　　〕	〔⑤　　　　　　　〕
〔③　　　　　　　〕にとけにくい気体が集められる。	〔③〕にとけやすく，空気より密度が大きい気体が集められる。	〔③〕にとけやすく，空気より密度が小さい気体が集められる。
気体	← 気体	気体

気体の性質が，水にと
けやすいか，空気より
密度が大きいかで，気
体の集め方が決まるよ。

❸ 物質の状態変化

🔑 純粋な物質　融点　状態変化　蒸留　液体　沸騰　混合物

●〔① 　　　　　〕…温度によって，物質の状態が，

　「固体⟷〔② 　　　　　〕⟷気体」と変わること。

●沸点と融点

　▶沸点…液体が〔③ 　　　　　〕して気体に変化する温度。

　▶〔④ 　　　　　〕…固体が液体に変化する温度。

●純粋な物質と混合物

　▶〔⑤ 　　　　　〕…1種類の物質からできているもの。

　▶〔⑥ 　　　　　〕…2種類以上の物質が混ざっているもの。

●〔⑦ 　　　　　〕…液体を沸騰させてできた気体を冷やして，

再び液体にして集める方法。

物質の状態が変化するとき，物質の体積と質量はどうなるか確認しておこう。

混合物には砂糖水，空気，ロウなど，さまざまな状態のものがあるよ。

❹ 水溶液

🔑 飽和水溶液　水溶液　質量パーセント濃度　溶解度　溶媒　溶質
結晶　飽和

●溶質，溶媒，溶液

　▶〔① 　　　　　〕…液体にとけている物質。

　▶〔② 　　　　　〕…溶質をとかしている液体。

　▶溶液…溶質が溶媒にとけた液全体。溶媒が水の溶液を

　〔③ 　　　　　〕という。

食塩水は，溶質が食塩で，溶媒が水だよ。

●溶解度と再結晶

　▶〔④ 　　　　　〕…一定量（100g）の水にとける物質の最大

　の質量。

　▶〔⑤ 　　　　　〕…物質が〔④〕までとけている状態。この

　ときの水溶液を〔⑥ 　　　　　〕という。

　▶再結晶…一度溶媒にとかした固体の物質を再び〔⑦ 　　　　　〕

　としてとり出すこと。

●〔⑧ 　　　　　〕…溶液の質量に対する溶質の質量の割

合を百分率（％）で表した濃度。

$$〔⑧〕〔\%〕 = \frac{〔①〕の質量〔g〕}{溶液の質量〔g〕} \times 100$$

$$= \frac{〔①〕の質量〔g〕}{〔②〕の質量 + 〔①〕の質量〔g〕} \times 100$$

水溶液の質量と溶質の質量を用いて，質量パーセント濃度の計算問題にチャレンジしよう。

ここで学んだ内容を次で確かめよう！

問題 を解こう　　　　　　　　　　　　　　　　　　　／ **100点**　　**30分**

1 下の表は、いろいろな物質の密度を表している。これについて、あとの問いに答えなさい。

3点×6(18点)

物質	金	銅	鉄	アルミニウム	水銀
密度〔g/cm³〕	19.30	8.96	7.87	2.70	13.53

(1) 体積が5cm³、質量が44.8gの物体がある。この物体の密度は何g/cm³か。

(　　　　　　　　　)

(2) (1)の物体の物質は何か。表の物質から選んで答えなさい。（　　　　　　　　　）

(3) (1)の物体と同じ体積の鉄でできた物体がある。この物体の質量は何gか。

(　　　　　　　　　)

(4) 表の物質のうち、同じ質量で比べたとき、体積が最も小さい物質はどれか。

(　　　　　　　　　)

(5) 水銀は20℃では液体の金属である。20℃の水銀に金、銅、鉄、アルミニウムを入れたとき、水銀に浮くのはどれか。すべて答えなさい。（　　　　　　　　　）

(6) (5)のようになるのはなぜか。

(　　　　　　　　　　　　　　　　　　　　　　　　)

2 下の表は、酸素、二酸化炭素、水素、アンモニアの性質についてまとめたものである。これについて、あとの問いに答えなさい。

3点×8(24点)

	水へのとけやすさ	密度〔g/L〕(20℃)
⑦	とけにくい	1.33
⑦	少しとける	1.84
⑦	よくとける	0.72
⑦	とけにくい	0.08

(1) 表の⑦〜⑦の気体は何か。酸素、二酸化炭素、水素、アンモニアから選びなさい。

⑦（　　　　　　）　⑦（　　　　　　）　⑦（　　　　　　）　⑦（　　　　　　）

(2) ⑦の気体を集めた試験管に火のついた線香を入れると、線香はどうなるか。

(　　　　　　　　　)

(3) ⑦の気体を集めた試験管に石灰水を入れて振ると、石灰水はどうなるか。

(　　　　　　　　　)

(4) ⑦の気体を集める方法として適切なものを、上の図のA〜Cから選び、その集め方の名称も答えなさい。　　　　　記号（　　　　　）　名称（　　　　　　　　　）

④の問題の(5)は，硝酸カリウムの20℃のときの縦軸の値を読みとり，80gと比べ，「80g−(20℃のときの縦軸の値)」を計算してみよう。得られた数値が，出てきた結晶の質量だよ。

3 右の図は，ある固体の物質を加熱したときの温度の変化を表したものである。これについて，次の問いに答えなさい。

4点×7 (28点)

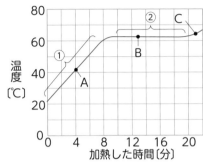

(1) 図のA〜Cのとき，この物質はそれぞれどのような状態になっているか。次の**ア〜オ**から選びなさい。

A (　　　　)　　B (　　　　)　　C (　　　　)

ア 固体　　**イ** 液体　　**ウ** 気体

エ 固体と液体が混ざった状態

オ 液体と気体が混ざった状態

(2) この物質の融点はおよそ何℃か。(　　　　　　)

(3) この物質の量を3倍にして同じ実験を行うと，融点はどうなるか。(　　　　　　)

(4) この物質の量を3倍にして同じ実験を行うと，①グラフの傾きと②平らな部分の長さはそれぞれどうなるか。次の**ア〜ウ**から選びなさい。　①(　　　　)　②(　　　　)

〔①グラフの傾き〕**ア** 大きくなる。　　**イ** 小さくなる。　　**ウ** 変わらない。

〔②平らな部分の長さ〕**ア** 長くなる。　　**イ** 短くなる。　　**ウ** 変わらない。

4 右のグラフは，硝酸カリウム，硫酸銅，ミョウバン，塩化ナトリウムそれぞれの，100gの水にとける限度の質量と温度の関係を表したものである。これについて，次の問いに答えなさい。

5点×6 (30点)

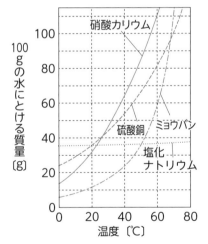

(1) 下線部の質量を何というか。(　　　　　　)

(2) 物質が(1)の質量までとけている水溶液を何というか。

(　　　　　　)

(3) 40℃の水100gにとける質量が最も大きいのは，硝酸カリウム，硫酸銅，ミョウバン，塩化ナトリウムのうちのどれか。　(　　　　　　)

(4) 60℃の水100gに硝酸カリウムを80gとかし，水溶液をつくった。この水溶液の質量パーセント濃度は何％か。小数第1位を四捨五入して答えなさい。(　　　　　　)

(5) (4)の水溶液を20℃に冷やすと，約何gの硝酸カリウムが結晶として出てくるか。次の**ア〜エ**から選びなさい。

(　　　　　　)

ア 約16g　　**イ** 約30g　　**ウ** 約48g　　**エ** 約67g

(6) (5)のように，一度水にとかした固体の物質を再び結晶としてとり出すことを何というか。

(　　　　　　)

化学変化と原子・分子

物質をつくる粒子とその結びつきについて学習しよう！

解答 > p.8〜9

要点 を確認しよう

〔　〕にあてはまる語句を，攻略のキーワード🔑から選んで書きましょう。

❶ 化学変化と分解

🔑 分解　水素　酸素　炭酸ナトリウム　電気分解　化学変化

● 〔①　　　　　　　〕または**化学反応**…もとの物質とはちがう物質ができる変化。

▶ 〔②　　　　　　　〕…１種類の物質が２種類以上の別の物質に分かれる化学変化。熱による〔②〕を**熱分解**という。

▶ 〔③　　　　　　　〕…電流を流して物質を分解すること。

炭酸水素ナトリウムを分解すると生じる物質	水を分解すると生じる物質
・〔④　　　　　　〕（固体） ・二酸化炭素（気体） ・水（水蒸気） 二酸化炭素は石灰水，水は青色の塩化コバルト紙で確認できるね。	・陽極…〔⑤　　　　　　〕 ・陰極…〔⑥　　　　　　〕 ●電気分解装置　 陰極　陽極

化学変化では分解を最初に学ぶよ。分解後の物質に注目しよう。

陰極側の気体はマッチの炎，陽極側の気体は火のついた線香で確認できるね。

❷ 原子と分子

🔑 分子　元素記号　原子　元素

●**原子と分子**

物質をつくる最小の単位を〔①　　　　　　　〕といい，いくつかの〔①〕が結びついてできた粒子を〔②　　　　　　　〕という。

● 〔③　　　　　　　〕…物質を構成する原子の種類。〔③〕を表す記号を〔④　　　　　　　〕という。

主な元素記号は，原子番号の順に元素を並べた周期表などで覚えておこう。

ガンバレ

❸ 化学式・単体と化合物

🔑 化合物　化学式　単体

● 〔①　　　　　　　〕…物質を元素記号と数字で表したもの。

● 〔②　　　　　　　〕…１種類の元素からなる物質。

● 〔③　　　　　　　〕…２種類以上の元素からなる物質。

化学式を見れば，その物質が単体か化合物かがわかるね。

④ さまざまな化学変化

🔑 酸化物　水　還元　硫化鉄　酸化　化学反応式　Fe+S　2H₂

● 〔①　　　　　　　　　〕…化学変化を，化学式を用いて表したもの。

● さまざまな化学変化

▶ **物質どうしが結びつく化学変化**

水素と酸素が結びつく化学変化

水素　　　　＋　　酸素　　⟶　〔②　　　　　　　　　〕

〔③　　　　　　　〕　＋　O_2　⟶　　　　　$2H_2O$

鉄と硫黄が結びつく化学変化

鉄　　　＋　　硫黄　　⟶　〔④　　　　　　　　〕

〔⑤　　　　　　　　　　〕⟶　　　　　FeS

● **酸化と還元**

▶ 〔⑥　　　　　　　〕…物質が酸素と結びつく化学変化。〔⑥〕に

よってできた物質を〔⑦　　　　　　　　〕という。

▶ 〔⑧　　　　　　　〕…酸化物から酸素がとり除かれる化学変化。

⑤ 化学変化と熱の出入り

🔑 発熱反応　吸熱反応

● 〔①　　　　　　　　〕…化学変化のときに熱を発生し，**まわりの温**

度が上がる反応。

● 〔②　　　　　　　　〕…化学変化のときに熱を吸収し，**まわりの温**

度が下がる反応。

⑥ 化学変化と物質の質量

🔑 3：2　4：1　質量保存の法則

● 〔①　　　　　　　　　〕…化学変化の前後で，その反応に関係し

ている物質全体の質量は変わらないという法則。

● 反応する物質どうしの質量の割合

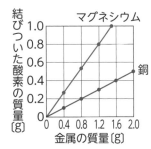

結びついた酸素の質量〔g〕／マグネシウム／銅／金属の質量〔g〕

＊＊銅について，グラフより

銅：酸素＝1.6g：0.4g

＝〔②　　　　　　　　〕

＊＊マグネシウムについて，グラフより

マグネシウム：酸素＝1.2g：0.8g

＝〔③　　　　　　　　〕

化学反応式は，→の左右で原子の種類と数が同じになるよ。原子の組み合わせがどう変わったかに注目しよう。

還元と酸化は同時に起こるんだね。

熱の出入りで，化学変化は2つに分けられるよ。

反応する物質どうしの質量の割合が一定であることを用いて，比の計算にチャレンジしよう。

ここで学んだ内容を次で確かめよう！

問題 を解こう

100点

1 下の図1のように，炭酸水素ナトリウムを加熱した。これについて，あとの問いに答えなさい。

4点×7 (28点)

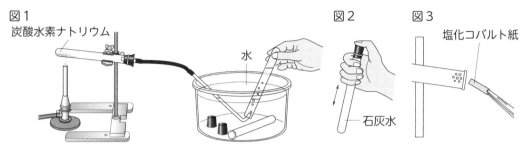

図1
炭酸水素ナトリウム

図2

図3
塩化コバルト紙

水

石灰水

(1) 図1で，加熱する試験管の口を底よりもわずかに下げているのはなぜか。

(　　　　　　　　　　　)

(2) 図1で，発生した気体を集めた試験管に石灰水を入れ，図2のように振ると，石灰水はどうなるか。

(　　　　　　　　　　　)

(3) (2)より，発生した気体は何か。 (　　　　　　　　　　　)

(4) 図1で，加熱した試験管の内側には液体がついていた。この液体に図3のように青色の塩化コバルト紙をつけると，塩化コバルト紙はどうなるか。 (　　　　　　　　　)

(5) (4)より，加熱した試験管の内側についた液体は何か。 (　　　　　　　　)

(6) 図1の加熱後の試験管には白い固体が残った。この固体と炭酸水素ナトリウムをそれぞれ水にとかし，フェノールフタレイン溶液を加えたとき，より濃い赤色を示したのはどちらの物質か。次の**ア**，**イ**から選びなさい。 (　　　　　　　)

　ア 加熱後の試験管に残った白い固体　　**イ** 炭酸水素ナトリウム

(7) 加熱後の試験管に残った固体は何か。物質名を答えなさい。(　　　　　　　)

2 試験管に硫黄を入れて加熱して硫黄の蒸気が発生したところに銅板を入れると，銅板は激しく反応し，<u>銅板の色が変化した</u>。これについて，次の問いに答えなさい。 4点×6 (24点)

(1) 反応後の銅板に力を加えるとどうなるか。次の**ア**，**イ**から選びなさい。 (　　　　)

　ア 弾力があり，曲がる。　　　**イ** 弾力はなく，くずれる。

(2) 下線部で，銅は，何という物質に変化したか。物質名と化学式を書きなさい。

物質名 (　　　　　　　　　) 化学式 (　　　　　　　　)

(3) (2)の物質は，単体か化合物か。 (　　　　　　　　)

(4) (2)の物質は，銅原子と硫黄原子が何対何の数で結びついたものか。最も簡単な整数の比で答えなさい。 銅原子：硫黄原子＝ (　　　　　　)

(5) 銅と硫黄の反応を，化学反応式で表しなさい。 (　　　　　　　　)

④の問題は，表の数値について，「酸化物の質量−銅の質量」を計算してみよう。そこから，銅と結びついた酸素の質量がわかるよ。

---

3 次のような手順で実験を行った。あとの問いに答えなさい。

4点×7（28点）

> **手順1** 右の図のように，酸化銅の粉末と炭素粉末との混合物を試験管に入れて加熱した。
>
> **手順2** 発生した気体を石灰水に通したところ，石灰水が白くにごった。
>
> **手順3** 加熱後の物質を試験管からとり出し，金属製の薬品さじで強くこすると赤い輝きが出た。

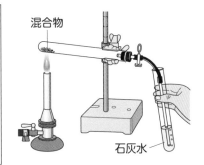

混合物

石灰水

(1) 酸化銅の色は何色か。　　　　　　　　　　　　　　　（　　　　　　　　　）

(2) 手順2で，発生した気体の名称を答えなさい。　　　　（　　　　　　　　　）

(3) 手順3で，加熱後の物質の色と，その物質の名称を答えなさい。

色（　　　　　　　　　）　名称（　　　　　　　　

(4) この実験で，酸化銅から奪（うば）われた物質は何か。　　（　　　　　　　　　）

(5) 酸化銅のような酸化物から(4)の物質が奪われる化学変化を何というか。

（　　　　　　　　　）

(6) この実験で起きた化学変化を，化学反応式で表しなさい。

（　　　　　　　　　　　　　　　）

---

4 いろいろな質量の銅の粉末を空気中でじゅうぶんに加熱して，酸素と反応させ，できた酸化物の質量をはかった。下の表は，その結果をまとめたものである。これについて，あとの問いに答えなさい。

4点×5（20点）

銅の質量〔g〕	0.20	0.40	0.60	0.80	1.00
酸化物の質量〔g〕	0.25	0.50	0.75	1.00	1.25

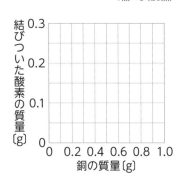

(1) この実験でできる酸化物は何か。　（　　　　　　　　　）

(2) 表をもとに，銅の質量と結びついた酸素の質量との関係を表すグラフを右の図にかきなさい。

(3) 銅と酸素が結びつくときの質量の比を，最も簡単な整数の比で表しなさい。　　　銅：酸素＝（　　　　　　　　　）

(4) 銅の粉末1.20gをじゅうぶんに加熱したとき，結びつく酸素の質量は何gか。

（　　　　　　　　　）

(5) (1)を2.00g得るためには，銅の粉末何gが必要か。　（　　　　　　　　　）

5日目 化学変化とイオン

解答 > p.10〜11

要点を確認しよう　〔　〕にあてはまる語句を，攻略のキーワード🔑から選んで書きましょう。

① 水溶液とイオン

🔑 電離　イオン　電解質　陰イオン　非電解質　ナトリウムイオン　銅　陽イオン

水溶液にしたとき電流が流れるか流れないかで，物質を２つに分類できるよ。

●電解質と非電解質

水溶液にしたとき電流が流れる物質を〔① 　　　　　〕，水溶液にしたとき電流が流れない物質を〔② 　　　　　〕という。

●電解質の水溶液に電流が流れているときの化学変化

塩化銅水溶液に電流が流れているときの化学変化

塩化銅　⟶　〔③ 　　　　　〕　＋　塩素

$CuCl_2$　⟶　　　　Cu　　　　＋　Cl_2

●イオンと電離

▶〔④ 　　　　　〕…原子が電気を帯びた粒子のこと。

▶＋の電気を帯びた粒子を〔⑤ 　　　　　〕，－の電気を帯びた粒子を〔⑥ 　　　　　〕という。

▶〔⑦ 　　　　　〕…電解質が水にとけ，陽イオンと陰イオンに分かれること。

塩化ナトリウムの電離

塩化ナトリウム　⟶　〔⑧ 　　　　　〕＋塩化物イオン

電解質の水溶液に電流が流れるのは，水溶液中にイオンがあるからだね。

② 原子とイオン，イオンへのなりやすさ

🔑 同位体　中性子　陽子　マグネシウム＞亜鉛＞銅　原子核

原子全体が電気を帯びていないのは，１個の原子がもつ陽子と電子の数が等しいからだよ。

●原子の構造

中心に＋の電気をもつ〔① 　　　　　〕があり，そのまわりに－の電気をもつ電子がいくつかある。〔①〕は，＋の電気をもつ〔② 　　　　　〕と，電気をもたない〔③ 　　　　　〕でできている。

●〔④ 　　　　　〕…同じ元素で中性子の数が異なる原子。

●イオンへのなりやすさ

イオンへのなりやすさは金属の種類によって異なり，〔⑤ 　　　　　　　　　〕の順になりやすい。

金属の種類によって，イオンのなりやすさに差があることに注目しよう。

ガンバレ

❸ さまざまな電池

🔑 **Zn²⁺　燃料電池　銅　電池（化学電池）　Zn＋Cu²⁺**

● [① 　　　　　　　] …物質がもつ化学エネルギーを電気エネルギーに変換する装置。

　ダニエル電池で起こる化学変化

　　－極：　亜鉛　⟶　　　　亜鉛イオン　　＋　電子

　　　　　　Zn　⟶　[② 　　　　　　　] ＋ 2e⁻

　　＋極：　銅イオン　＋　電子　⟶　[③ 　　　　　　　]

　　　　　　Cu^{2+}　＋　2e⁻　⟶　　　　　　Cu

　　全体：　亜鉛　＋　銅イオン　⟶　亜鉛イオン　＋　銅

　　　　　[④ 　　　　　　　] ⟶　　　　Zn^{2+}　＋　Cu

● [⑤ 　　　　　　　] …水の電気分解とは逆の化学変化を利用して、電気エネルギーをとり出す装置。

亜鉛のほうが銅よりもイオンになりやすいので，亜鉛板は－極になるね。イオンになりやすいほうが－極になることを覚えておこう。

燃料電池自動車は，できる物質が水だけなので，大気汚染を起こさないね。

❹ 酸・アルカリとイオン

🔑 **塩　アルカリ　NaCl　中和　OH⁻　酸　H⁺　pH**

● **酸とアルカリ**

▶ [① 　　　　　　　] …水にとけて水素イオンを生じる物質。

　（塩酸中の）塩化水素の電離

　　　HCl　⟶　[② 　　　　　　　] ＋　Cl⁻

▶ [③ 　　　　　　　] …水にとけて，水酸化物イオンを生じる物質。

　水酸化ナトリウムの電離

　　　NaOH　⟶　Na⁺　＋　[④ 　　　　　　　]

▶ [⑤ 　　　　　　　] …酸性・アルカリ性の強さを表す数値。7が中性，7より小さいと酸性，7より大きいとアルカリ性。

酸性，アルカリ性，中性の水溶液の性質を，リトマス紙，BTB溶液，フェノールフタレイン溶液で調べたときの結果について確認しておこう。

● **中和と塩**

▶ [⑥ 　　　　　　　] …酸性の水溶液とアルカリ性の水溶液を混ぜ合わせたときに起こる，たがいの性質を打ち消し合う化学変化。酸のH⁺とアルカリのOH⁻が結びついて，水ができる。

▶ [⑦ 　　　　　　　] …中和によって，酸の陰イオンとアルカリの陽イオンが結びついてできる物質。

　塩酸と水酸化ナトリウム水溶液の中和

　　　HCl　＋　NaOH　⟶　[⑧ 　　　　　　　] ＋　H_2O

　塩化水素　水酸化ナトリウム　　　塩化ナトリウム　　　　水

中和は，酸とアルカリから塩と水ができる化学変化だね。式で表すと，酸＋アルカリ⟶塩＋水となるね。

ここで学んだ内容を次で確かめよう！

問題 を解こう

100点 30分

1 右の図のような装置で，塩化銅水溶液に電圧を加えたところ，電流が流れ，電極Xに赤い物質が付着し，電極Yからは気体が発生した。これについて，次の問いに答えなさい。

4点×7 (28点)

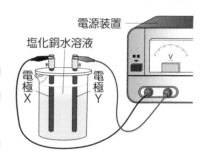

電源装置
塩化銅水溶液
電極X
電極Y

(1) 塩化銅（$CuCl_2$）が水溶液中で電離しているようすを，化学式を用いて表しなさい。

( )

(2) 図で，陽極はX，Yのどちらか。 ( )

(3) 赤い物質を薬品さじでこすると金属光沢が見られた。この物質は何か。 ( )

(4) 気体が発生していた電極Y付近の水溶液をとり，それを赤インクで色をつけた水に加えたところ，インクの色が消えた。この気体は何か。 ( )

(5) 塩化銅水溶液中の塩化銅に起こった化学変化を化学反応式で表しなさい。

( )

(6) 塩化銅水溶液をうすい塩酸にかえて，同じように電圧を加えたとき，陽極と陰極には，それぞれ何という物質が発生するか。

陽極 ( ) 陰極 ( )

2 マグネシウム板，亜鉛板，銅板をそれぞれ硫酸マグネシウム水溶液，硫酸亜鉛水溶液，硫酸銅水溶液に入れ，観察したところ，表のような結果となった。これについて，次の問いに答えなさい。 4点×6 (24点)

(1) 表の⑦，⑦にあてはまる言葉を，次のア～ウから選びなさい。

⑦ ( ) ⑦ ( )

ア 変化なし

イ 赤い物質が付着

ウ 黒い物質が付着

	マグネシウム板	亜鉛板	銅板
硫酸マグネシウム水溶液	⑦	変化なし	変化なし
硫酸亜鉛水溶液	<u>黒い物質が付着</u>	変化なし	変化なし
硫酸銅水溶液	<u>赤い物質が付着</u>	⑦	変化なし

(2) 表の下線部の黒い物質，赤い物質はそれぞれ何か。 黒い物質 ( ) 赤い物質 ( )

(3) マグネシウム，亜鉛，銅をイオンになりやすい順に左から並べなさい。

( )

(4) 硝酸銀水溶液に銅板を入れると，銅板に銀が付着した。銀と銅ではどちらのほうがイオンになりやすいか。

( )

③の問題では，亜鉛と銅のどちらがイオンになりやすいかを考えてみよう。イオンになりやすいほうは電子を放出し，－極になるよ。

3 右の図のような装置で，セロハンで仕切られた一方に硫酸亜鉛水溶液と亜鉛板を，もう一方に硫酸銅水溶液と銅板を入れ，導線で電子オルゴールとつないだところ，電子オルゴールが鳴った。これについて，次の問いに答えなさい。

4点×6 (24点)

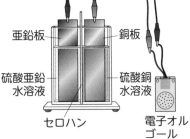

亜鉛板　　　　　　銅板
硫酸亜鉛　　　　　硫酸銅
水溶液　　　　　　水溶液
セロハン　　　　　電子オルゴール

(1)　電子オルゴールが鳴っているとき，亜鉛板，銅板で起こる化学変化をそれぞれ化学反応式で表しなさい。ただし，電子1個はe^-で表すものとする。

亜鉛板（　　　　　　　　　　　）

銅板（　　　　　　　　　　　）

(2)　亜鉛板と銅板にはどのような変化が見られるか。次の**ア**〜**ウ**からそれぞれ選びなさい。

亜鉛板（　　　　　）　銅板（　　　　　）

ア　赤い物質が付着する。　　**イ**　表面が凸凹して黒くなる。　　**ウ**　変化が見られない。

(3)　この実験で，＋極は，亜鉛板と銅板のどちらか。　　　　　　　　　　（　　　　　　　　　）

(4)　この実験のように，物質がもっている化学エネルギーを電気エネルギーに変換してとり出す装置を何というか。　　　　　　　　　　（　　　　　　　　　）

4 次のような手順で，塩酸と水酸化ナトリウム水溶液を混ぜる実験を行った。これについて，あとの問いに答えなさい。

4点×6 (24点)

| **手順1**　図のように，塩酸10mLに緑色のBTB溶液を数滴加えた。 |
| **手順2**　手順1の水溶液が青色になるまで水酸化ナトリウム水溶液を2mLずつ加えた後，塩酸を1滴ずつ，水溶液の色が緑色になるまで加えた。 |
| **手順3**　手順2の水溶液を蒸発皿に数滴とって水を蒸発させると，白い結晶が現れた。 |

緑色の
BTB溶液

(うすい)
塩酸

ろ紙

(1)　手順1では，水溶液の色は何色になるか。　　　　　　　　（　　　　　　　　　）

(2)　手順2で緑色になった水溶液の性質は何性か。　　　　　　（　　　　　　　　　）

(3)　手順2のときに起こる化学変化を化学反応式で表しなさい。

（　　　　　　　　　　　　　　　）

(4)　(3)のような化学変化を何というか。　　　　　　　　　　（　　　　　　　　　）

(5)　手順3で現れた白い結晶の物質名を答えなさい。　　　　　（　　　　　　　　　）

(6)　酸とアルカリを混ぜたときにできる(5)のような物質を何というか。　（　　　　　　　　　）

6日目 身のまわりの現象

光や音，力などの現象を科学的にとらえよう！

要点を確認しよう　〔　〕にあてはまる語句を，攻略のキーワード🔑から選んで書きましょう。

1 光の性質

🔑 **実像**（じつぞう）　**虚像**（きょぞう）　**光の直進**（ちょくしん）　**乱反射**（らんはんしゃ）　**光の反射**　**焦点**（しょうてん）　**全反射**（ぜん）　**光の屈折**（くっせつ）　**反射の法則**

● 〔①　　　　　　　　〕…光がまっすぐに進むこと。

● 〔②　　　　　　　　〕…光が物体の表面ではね返る現象。

▶ 光が反射するとき入射角と反射角の大きさが等しくなることを
〔③　　　　　　　　〕という。

▶ 〔④　　　　　　　　〕…凹凸（おうとつ）がある面で，光がいろいろな方向に反射する現象。

身のまわりの現象では，光の性質を最初に学ぶよ。光の進み方に注目しよう。

ガンバレ

● 〔⑤　　　　　　　　〕…異なる透明（とうめい）の物質の境界面（きょうかいめん）で光が折れ曲がり，進む向きが変わる現象。

▶ 〔⑥　　　　　　　　〕…光が水やガラスから空気中に進むとき光が屈折せず，境界面ですべての光が反射する現象。

空気中からガラスに入るときは「入射角＞屈折角」，ガラスから空気中に入るときは「入射角＜屈折角」だね。

● 凸レンズのはたらき

▶ 〔⑦　　　　　　　　〕…光軸に平行な光が集まる点。

▶ 〔⑧　　　　　　　　〕…実際に光が集まってできる像。物体が焦点より遠くにあるとき，物体と上下左右が逆向きになる。

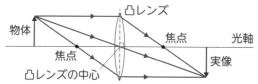

物体を凸レンズから遠ざけるほど，できる像は小さくなるよ。

▶ 〔⑨　　　　　　　　〕…凸レンズを通った光が集まらず，凸（とつ）レンズを通して見える像。物体と上下左右が同じ向きで，物体よりも大きい。

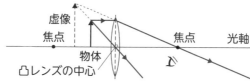

実像と虚像の作図にチャレンジしよう。

START ──────────────────────────── GOAL

❷ 音の性質

🔑 **振動数 振幅 音源 340 Hz**

●音の伝わり方

▶〔① 　　　　　　〕…音を出している物体。

▶ 音が空気中を伝わる速さは約〔② 　　　　　　〕m/s

●音の大きさや高さ

▶〔③ 　　　　　　〕…音源の振動の**振れ幅**。

▶〔④ 　　　　　　〕または**周波数**…音源などが1秒間に**振動す**

る回数。単位はヘルツ（〔⑤ 　　　　　　〕）。

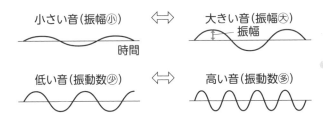

稲妻が見えてから雷鳴
が聞こえるまでの時間
から，その雷までのお
よその距離が計算でき
るよ。計算問題にチャ
レンジしてみよう。

大きい音は波の山が大
きく，高い音は波の数
が多いね。

❸ 力のはたらき

🔑 **重力 質量 垂直抗力 フックの法則 作用点 ニュートン**
力のつり合い

●力の表し方

▶ 力の3つの要素…〔① 　　　　　　〕，
力の向き，力の大きさ。1本の矢印で表され
る。

〔①〕
力の向き
力の大きさ

力のはたらきは，「物体
の形を変える。」「物体
の動きを変える。」「物
体を支える。」だね。

●〔② 　　　　　　〕…ばねののびは，ばねに加えた力の大きさに

比例するという関係。

●重力と質量

▶〔③ 　　　　　　〕…地球上の物体が地球の中心に向かって引
かれる力。単位は〔④ 　　　　　　〕（N）。

▶〔⑤ 　　　　　　〕…場所によって変わらない，物体そのもの
の量。単位はグラム（g）やキログラム（kg）。

●〔⑥ 　　　　　　〕…1つの物体にはたら

く2つの力の大きさが等しく，一直線上にあ
り，向きが反対のとき，2つの力はつり合っている。

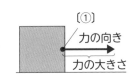

力には，弾性力，摩擦
力，磁力，電気の力な
ど，いろいろな種類が
あるよ。覚えておこう。

●〔⑦ 　　　　　　〕…ある面に物体を置いたとき，その面から物

体に垂直に加わる力。水平面では，物体にはたらく重力とつり合う。

ここで学んだ内容を
次で確かめよう！

問題 を解こう

100点 **30**分

1 下の図1のように，紙に垂直に立てた鏡に光を当て，光の道すじを記録した。図2は，その結果を示したものである。これについて，あとの問いに答えなさい。

5点×5 (25点)

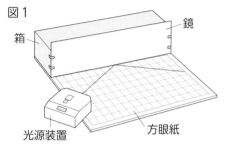

図1

箱
鏡
光源装置
方眼紙

図2

鏡の面に垂直な線
鏡の線
方眼紙
O A B
光源装置
P

(1) 図2の角A，角Bを何というか。　角A（　　　　　　　　）　角B（　　　　　　　　）

(2) 図2の角A，角Bの大きさには，どのような関係があるか。＞，＜，＝を使って答えなさい。（　　　　　　　　）

(3) (2)のような関係を表す法則を何というか。（　　　　　　　　）

(4) 光源装置のあった位置Oに物体を置くと，鏡に映った物体の像が点Pから見えた。物体から出た光が点Pまで届く道すじを図2にかき入れなさい。

2 焦点距離15cmの凸レンズを使って，次の実験を行った。これについて，あとの問いに答えなさい。

5点×6 (30点)

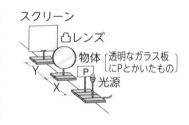

スクリーン
凸レンズ
物体 透明なガラス板にPとかいたもの
Y X 光源

実験 右の図のような装置で凸レンズを固定し，物体とスクリーンの位置をいろいろ変えて，スクリーンにはっきりと像が映るときの凸レンズと物体の距離X，凸レンズとスクリーンの距離Yを測定した。

(1) このときスクリーンにできる像を何というか。（　　　　　　　　）

(2) スクリーンにできる像を，光源を置いた側から観察すると，どのように見えるか。次の⑦～④から選びなさい。（　　　　　　　　）

⑦ 　　④ 　　⑦ 　　④

(3) 距離Xを小さくしていくと，距離Yの長さとスクリーンに映る像の大きさは，それぞれどうなるか。　距離Y（　　　　　　　　）　像の大きさ（　　　　　　　　）

(4) スクリーンに映る像の大きさが物体と同じ大きさになるとき，距離Xと距離Yは，それぞれ何cmか。　距離X（　　　　　　　　）　距離Y（　　　　　　　　）

④の問題は，表の数値について，おもりの質量をそれぞれ100で割ってみよう。その数値が，おもりにはたらく重力を表しているよ。

3 下の図は，いろいろな音をオシロスコープで調べたときの音の波形（はけい）である。横軸（よこじく）は時間，縦軸は振動の振れ幅を表し，1目盛りの値はすべて同じものとする。これについて，あとの問いに答えなさい。

5点×4（20点）

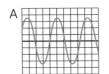　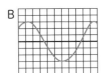　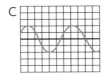　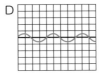　

(1) 大きさが同じで，高さがちがう音はどれとどれか。A〜Eから選びなさい。

（　　　　　　　）

(2) 高さが同じで，大きさがちがう音はどれとどれか。A〜Eから選びなさい。

（　　　　　　　）

(3) 最も大きい音はどれか。A〜Eから選びなさい。（　　　　）

(4) 最も高い音はどれか。A〜Eから選びなさい。（　　　　）

4 あるばねに質量20gのおもりを1個ずつふやしてつるしていき，おもりの質量とばねののびの関係を調べたところ，下の表のようになった。100gの物体にはたらく重力の大きさを1Nとして，あとの問いに答えなさい。

5点×5（25点）

おもりの質量〔g〕	0	20	40	60	80	100
力の大きさ〔N〕	0	0.2	0.4	0.6	0.8	1.0
ばねののび〔cm〕	0	1.0	2.0	3.0	4.0	5.0

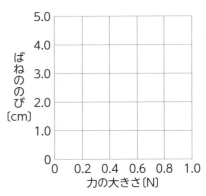

(1) 力の大きさとばねののびの関係を，右の図にグラフで表しなさい。

(2) (1)で表したグラフから，力の大きさとばねののびには，どのような関係があることがわかるか。

（　　　　　　　）

(3) (2)の関係を何というか。（　　　　　　）

(4) 手で3Nの力を加えてばねを引きのばすと，ばねののびは何cmになるか。

（　　　　　　　）

(5) ばねののびを8cmにするには，ばねにつるすおもりの質量を何gにすればよいか。

（　　　　　　　）

7日目 電流とその利用

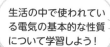
生活の中で使われている電気の基本的な性質について学習しよう！

要点 を確認しよう　〔　〕にあてはまる語句を，攻略のキーワードから選んで書きましょう。

① 回路と電流，電圧，抵抗

🔑 導体　直列回路　抵抗　並列回路　電流　I_a+I_b　絶縁体
V_a+V_b　電圧　オームの法則　R_a+R_b　RI

> 回路には，直列回路と並列回路の２つがあるよ。

● **直列回路と並列回路**

電流の流れる道すじが１本の回路を〔①　　　　　　〕，電流の流れる道すじが途中で枝分かれしている回路を〔②　　　　　　〕という。

● **電流，電圧，抵抗**

▶〔③　　　　　　〕…電気の流れ。単位はアンペア（A）。

▶〔④　　　　　　〕…電流を流すはたらきの大きさ。単位はボルト（V）。

> 電流計や電圧計の使い方も覚えておこう。
> ガンバレ
>

▶〔⑤　　　　　　〕または**電気抵抗**…電流の流れにくさ。単位はオーム（Ω）。

▶〔⑥　　　　　　〕…回路の抵抗器などに流れる電流の大きさと加わる電圧の大きさの関係を表す法則。

電圧〔V〕＝抵抗〔Ω〕×電流〔A〕　$V=$〔⑦　　　　　　〕

電流の大きさは，電圧の大きさに比例するよ。

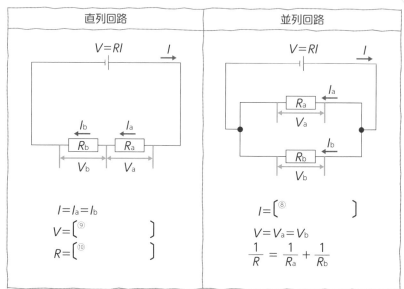

	直列回路	並列回路
	$V=RI$　I	$V=RI$　I
	I_b　I_a R_b　R_a V_b　V_a	R_a　I_a V_a R_b　I_b V_b
	$I=I_a=I_b$ $V=$〔⑨　　　　〕 $R=$〔⑩　　　　〕	$I=$〔⑧　　　　〕 $V=V_a=V_b$ $\dfrac{1}{R}=\dfrac{1}{R_a}+\dfrac{1}{R_b}$

> 直列回路と並列回路について，電流，電圧，抵抗を求める問題にチャレンジしよう。
>

▶電流が流れやすい物質を〔⑪　　　　　　〕，電流が極めて流れにくい物質を〔⑫　　　　　　〕または**不導体**という。

② 電流とそのはたらき

🔑 熱量　電力量　電力

● [①　　　　　　　] …1秒あたりに消費する電気エネルギーの大きさ。単位はワット（W）。電力〔W〕＝電圧〔V〕×電流〔A〕

● [②　　　　　　　] …物質に出入りする熱の量。単位はジュール（J）。熱量〔J〕＝電力〔W〕×時間〔s〕

● [③　　　　　　　] …電気を使ったときに消費した電気エネルギーの総量。電力量〔J〕＝電力〔W〕×時間〔s〕

電力量の単位には、ワット時（Wh），キロワット時（kWh）を使うこともあるよ。

③ 電流と磁界

🔑 誘導電流　磁力線　直流　電磁誘導　磁界　交流　磁界の向き

● **磁界のようす**

磁力のはたらく空間を [①　　　　　　　]，磁界の向きをつないでできる線を [②　　　　　　　] という。

● **電流が磁界から受ける力**

磁界の中を流れる電流は，電流の向きと，磁石の [③　　　　　　　] に対して垂直な向きに力を受ける。

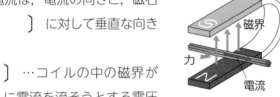

磁界の向きは，方位磁針のN極が指す向きだね。

● [④　　　　　　　] …コイルの中の磁界が変化すると，コイルに電流を流そうとする電圧が生じる現象。そのとき流れる電流を [⑤　　　　　　　] という。

● **直流と交流**

▶ [⑥　　　　　　　] …一定の向きに流れる電流。

▶ [⑦　　　　　　　] …流れる向きが周期的に変わる電流。

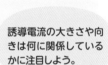

誘導電流の大きさや向きは何に関係しているかに注目しよう。

④ 電流の正体

🔑 電子　放電　電子線　静電気　放射性物質　放射線

● [①　　　　　　　] …物体にたまった電気。

● [②　　　　　　　] …たまった電気が流れ出たり，電気が空間を移動したりする現象。

● [③　　　　　　　] …－の電気をもった小さな粒子。放電管内で見られる〔③〕の流れを [④　　　　　　　]（陰極線）という。

● [⑤　　　　　　　] …α線，β線，γ線，X線などの種類がある。

● [⑥　　　　　　　] …放射線を放つ物質。

電流の向きは電子の移動の向きと逆になるね。

ここで学んだ内容を次で確かめよう！

100点

問題 を解こう

1 2種類の電熱線A，Bを用いて，電流と電圧の関係を調べる実験を行った。右の図は，その結果を表したグラフである。これについて，次の問いに答えなさい。

4点×7 (28点)

(1) グラフから，電流と電圧にはどのような関係があるといえるか。（　　　　　）

(2) 電流と電圧の(1)のような関係を何の法則というか。（　　　　　）

(3) 同じ大きさの電圧を加えたとき，流れる電流が大きいのは，電熱線Aと電熱線Bのどちらか。
（　　　　　）

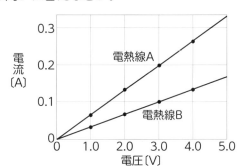

(4) 電熱線Aと電熱線Bの抵抗はそれぞれ何Ωか。

電熱線A（　　　　　）　　電熱線B（　　　　　）

(5) 電熱線Aに9.0Vの電圧を加えると，電熱線Aに流れる電流は何Aか。

（　　　　　）

(6) 電熱線Bに0.6Aの電流が流れているとき，電熱線Bに加わる電圧は何Vか。

（　　　　　）

2 下の図のように，いくつかの抵抗器をつないで，図1，図2の回路をつくった。どちらの回路も電源の電圧は3.0Vであるとして，あとの問いに答えなさい。

4点×9 (36点)

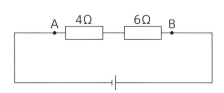

(1) 図1，図2の回路をそれぞれ何というか。

図1（　　　　　）　　図2（　　　　　）

(2) 図1の回路のAB間の抵抗の大きさは何Ωか。（　　　　　）

(3) 図1の回路の点A，Bを流れる電流の大きさは，それぞれ何Aか。

A（　　　　　）　　B（　　　　　）

(4) 図2の回路のCD間の抵抗の大きさは何Ωか。（　　　　　）

(5) 図2の回路のCD間の電圧の大きさは何Vか。（　　　　　）

(6) 図2の回路の点D，Eを流れる電流の大きさは，それぞれ何Aか。

D（　　　　　）　　E（　　　　　）

②の問題は，直列回路と並列回路では，各抵抗器で同じになるのは，電流・電圧のどちらかに気をつけて，計算してみよう。

3 右の図のような装置で導線に電流を流したところ，導線のA点が④の向きに動いた。これについて，次の問いに答えなさい。

4点×5（20点）

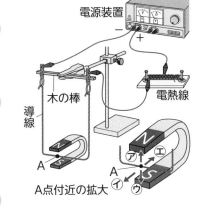

電源装置

電熱線

木の棒

導線

A

A

S

A点付近の拡大

(1) 磁石の磁界の向きは，図の⑦，⑨のどちらか。

（　　　　　　）

(2) 次の①，②のようにするとき，導線のA点の動く向きは，それぞれ図の④，⑨のどちらか。

① （　　　　　　）　② （　　　　　　）

① 電流の流れる向きを逆にする。

② 磁石のS極を上に，N極を下にする。

(3) 導線に流れる電流を大きくすると，導線のA点の動きはどうなるか。（　　　　　　）

(4) 電流が磁界の中で受ける力を利用しているものを，次の**ア〜エ**から選びなさい。

（　　　　　　）

ア 乾電池　　**イ** 電球　　**ウ** モーター　　**エ** 電磁石

4 誘導コイルにつないだクルックス管（真空放電管）を用いて，次のような実験を行った。これについて，あとの問いに答えなさい。

4点×4（16点）

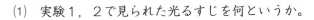

実験1 図1のように，クルックス管の電極AとBの間に大きな電圧を加えると，クルックス管の蛍光板に光るすじが見えた。

実験2 図2のように，クルックス管のCとDの電極を別の電源につなぎ，電圧を加えると，光るすじは電極Cのほうへ曲がった。

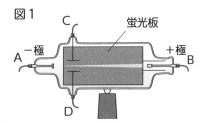

図1

C

蛍光板

A −極

+極 B

D

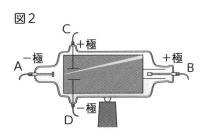

図2

C

+極

A −極

+極 B

−極

D

(1) 実験1，2で見られた光るすじを何というか。

（　　　　　　）

(2) (1)のすじは，何という粒子の流れか。

（　　　　　　）

(3) 実験2の結果から，(2)の粒子は＋と−のどちらの電気をもっていることがわかるか。

（　　　　　　）

(4) (2)の粒子が移動する向きと電流の向きは，どのような関係になっているか。

（　　　　　　）

運動とエネルギー

物体のいろいろな運動やエネルギーについて学習しよう！

解答 > p.16〜17

要点 を確認しよう ……… 〔 〕にあてはまる語句を，攻略のキーワード🔑 から選んで書きましょう。

❶ 力の合成と分解，水中の物体に加わる力

🔑 分力 水圧 合力 力の分解 浮力 力の合成

●〔①　　　　　　〕…2つの力と同じはたらきをする1つの力を求めること。〔②　　　　　　〕は，〔①〕をしてできた力。

●〔③　　　　　　〕…1つの力をそれと同じはたらきをする2つの力に分けること。

〔④　　　　　　〕は，〔③〕をしてできた力。

力の合成や分解について最初に学ぶよ。合力や分力の求め方を覚えておこう。

●〔⑤　　　　　　〕…水の重さによって生じる圧力。

●〔⑥　　　　　　〕…水中にある物体にはたらく上向きの力。

合力も分力も，平行四辺形の作図によって求めることができるね。分力Aと分力Bは，力Fを対角線とする平行四辺形の2辺になるよ。

❷ 物体の運動

🔑 等速直線運動 瞬間の速さ 自由落下運動 平均の速さ
慣性の法則 作用・反作用 慣性

●〔①　　　　　　〕…速さが変化している物体が一定の速さで移動したと考えて求めた速さ。

$$速さ〔m/s〕= \frac{移動した距離〔m〕}{移動にかかった時間〔s〕}$$

物体にはたらく力の向きと物体の運動には，どのような関係があるかに注目しよう。

●〔②　　　　　　〕…ごく短い時間に移動した距離を，その移動にかかった時間で割って求めた速さ。

●〔③　　　　　　〕…一定の速さで一直線上を進む運動。

●〔④　　　　　　〕…静止していた物体に，重力だけがはたらき続けて垂直に落下する運動。

●〔⑤　　　　　　〕…それまでの運動を続けようとする性質。

●〔⑥　　　　　　〕…力がはたらかない限り，静止している物体はいつまでも静止し続け，運動している物体は〔③〕を続ける。

作用と反作用の2つの力は，異なる物体にはたらいているので，つり合っているわけではないよ。

●〔⑦　　　　　　〕…1つの物体がほかの物体に力を加えたとき，それぞれの物体の間で対になってはたらく力。

❸ 仕事

🔑 仕事の原理　仕事率　仕事

●仕事の大きさ

▶ 物体に力を加え，力の向きに物体を動かしたとき，物体に対して〔① 　　　　　　　　　〕をしたという。単位はジュール（J）。

仕事〔J〕＝力の大きさ〔N〕×力の向きに動かした距離〔m〕

● 〔② 　　　　　　　　　〕…道具を使っても使わなくても，仕事の大きさが変わらないこと。

● 〔③ 　　　　　　　　　〕… 1 秒あたりにする仕事の大きさ。単位はワット（W）。 1 Wは， 1 秒あたりに 1 Jの仕事をしたときの仕事率。

$$仕事率〔W〕＝\frac{仕事〔J〕}{仕事に要した時間〔s〕}$$

斜面やてこなどの道具を使っても，仕事の大きさは同じになることに注目しよう。

仕事率が大きいほど，決まった時間に大きな仕事ができて能率がよいということだよ。

❹ エネルギー

🔑 力学的エネルギー　伝導　位置エネルギー　エネルギー変換効率
放射　運動エネルギー　力学的エネルギーの保存　対流
エネルギーの保存　エネルギー

● 〔① 　　　　　　　　　〕…ほかの物体に対して仕事をする能力。単位はジュール（J）。高いところにある物体がもつ〔①〕を〔② 　　　　　　　　　〕といい，運動している物体がもつ〔①〕を〔③ 　　　　　　　　　〕という。

● 〔④ 　　　　　　　　　〕…位置エネルギーと運動エネルギーの和。〔④〕が一定に保たれることを〔⑤ 　　　　　　　　　　　　　〕という。

● 〔⑥ 　　　　　　　　　〕…消費したエネルギーに対する，利用できるエネルギーの割合を百分率（％）で表したもの。

● 〔⑦ 　　　　　　　　　〕…エネルギーが移り変わる前後で，エネルギーの総量は変わらないこと。

位置エネルギーも運動エネルギーも，物体の質量が大きいほど大きくなるよ。

●熱の伝わり方

▶ 〔⑧ 　　　　　　〕または**熱伝導**…温度の高い部分から温度の低い部分へ熱が伝わる現象。

▶ 〔⑨ 　　　　　　〕…液体や気体の移動によって，全体に熱が伝わる現象。

▶ 〔⑩ 　　　　　　〕または**熱放射**…物体の熱が赤外線などの光として，離れたところまで熱が伝わる現象。

エネルギーには，いろいろな種類があるよ。身のまわりには，どんなエネルギーがあるか調べて，覚えておこう。

ガンバレ

ここで学んだ内容を次で確かめよう！

問題 を解こう

100点 30分

1 図1のように，物体をばねばかりにつるすと，ばねばかりの目盛りは0.8Nを示した。この物体を，図2のように水中へ沈めたところ，ばねばかりの目盛りは0.6Nを示した。これについて，次の問いに答えなさい。

5点×5 (25点)

図1　図2

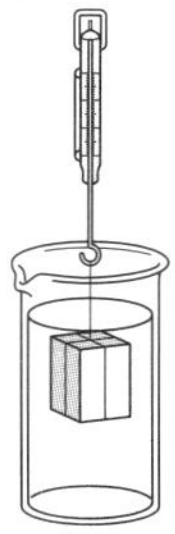

(1) 図1で，物体にはたらく重力の大きさは何Nか。

(　　　　　　　　　)

(2) 図2で，物体にはたらく重力の大きさは，図1と比べてどうなるか。　(　　　　　　　　　)

(3) 図2のばねばかりの目盛りが，図1のばねばかりの目盛りより小さいのは，図2の物体に何という力がはたらいているからか。　(　　　　　　　　　)

(4) 図2の物体にはたらいている，(3)の力は何Nか。　(　　　　　　　　　)

(5) 図2の物体をさらに深く沈めると，図2のときと比べて，ばねばかりの目盛りはどうなるか。ただし，物体は容器の底には届いていないものとする。　(　　　　　　　　　)

2 図1のように，テープを台車につけて，記録タイマーで，斜面を下る台車の運動を調べた。図2は，記録されたテープを5打点ごとに台紙に貼りつけ，各テープの5打点目を直線で結び，グラフに表したものである。これについて，次の問いに答えなさい。ただし，記録タイマーは1秒間に50回打点するものとする。

5点×5 (25点)

(1) 5打点ごとに切ったテープの長さは，何秒間の移動距離を表しているか。　(　　　　　　　)

(2) 図2の⑦のテープを記録している間の平均の速さは何cm/sか。　(　　　　　　　)

(3) 図2のグラフから，台車が斜面を下るにつれて速さはどのようになるといえるか。

(　　　　　　　　　)

(4) 斜面の角度を図1のときより大きくすると，台車の速さのふえ方はどのようになるか。

(　　　　　　　　　)

(5) 斜面の角度を90°にすると台車は垂直に落下する。この運動を何というか。

(　　　　　　　　　)

図1

記録タイマー

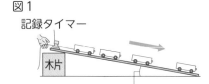

木片

斜面の角度

図2

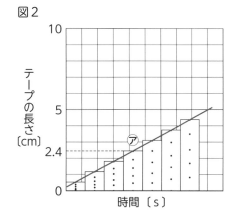

テープの長さ〔cm〕

時間〔s〕

③の問題は，斜面を使っても滑車を使っても，仕事の大きさが同じになるね。仕事率は仕事の能率だから，かかった時間によって値が変わってくるよ。

3 質量2kgの物体Aを，図1は，床から30cmの高さまで斜面を使って引き上げたようすを，図2は，床から30cmの高さまで滑車とモーターを使って引き上げたようすを表している。100gの物体にはたらく重力の大きさを1Nとし，滑車やひもの重さ，摩擦は考えないものとして，次の問いに答えなさい。

5点×5（25点）

(1) 図1で，質量2kgの物体Aを斜面を使って30cmの高さまで引き上げたときの仕事の大きさは何Jか。（　　　　）

(2) 図1で，(1)の仕事にかかった時間は3秒だった。このときの仕事率は何Wか。

（　　　　）

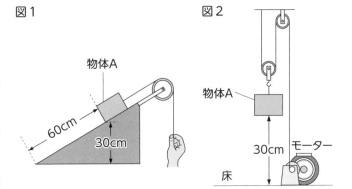

図1　物体A　60cm　30cm

図2　物体A　30cm　モーター　床

(3) 図2で，質量2kgの物体Aを30cm引き上げるのに必要な力の大きさは何Nか。

（　　　　）

(4) 図2で，(3)のときの仕事の大きさは何Jか。（　　　　）

(5) 図2で，(3)の仕事にかかった時間は5秒だった。このときの仕事率は何Wか。

（　　　　）

4 右の図のように，振り子のおもりをA点で静かにはなすと，おもりは最も低いC点を通った後，E点まで上がった。摩擦や空気の抵抗はないものとして，次の問いに答えなさい。

5点×5（25点）

(1) 位置エネルギーが最大になるのは，A〜Eの2つの点にあるときである。その2つの点を答えなさい。

（　　　　）

(2) 運動エネルギーが最大になるのは，A〜Eのどの点にあるときか。（　　　　）

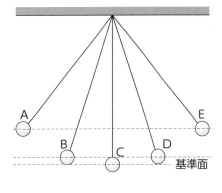

A　B　C　D　E　基準面

(3) 位置エネルギーが最小になるのは，A〜Eのどの点にあるときか。（　　　　）

(4) 運動エネルギーが最小になるのは，A〜Eの2つの点にあるときである。その2つの点を答えなさい。

（　　　　）

(5) 位置エネルギーと運動エネルギーの和は，摩擦力や空気の抵抗がなければいつも一定である。このことを何というか。（　　　　）

9日目 大地の変化，天気とその変化①

大地の変化，気象のしくみと天気の変化について学習しよう！

解答 > p.18〜19

要点を確認しよう　〔　〕にあてはまる語句を，攻略のキーワード🔑から選んで書きましょう。

❶ 火山

🔑　マグマ　火山岩（かざんがん）　深成岩（しんせい）　火山噴出物（ふんしゅつぶつ）　鉱物（こうぶつ）　火成岩（かせい）

● 〔①　　　　　　　〕…地下の岩石がどろどろにとけた物質。

● 〔②　　　　　　　〕…火山ガス，火山灰，火山弾など，噴火のときに噴き出された物質。

● 〔③　　　　　　　〕…〔①〕が冷えてできる結晶の粒。

● 〔④　　　　　　　〕…マグマが冷え固まってできる岩石。

大地の変化では，火山について最初に学ぶよ。マグマが固まってできた岩石に注目しよう。

〔⑤　　　　　　　〕	〔⑥　　　　　　　〕
マグマが地表や地表近くで急に冷え固まってできる火成岩	マグマが地下深くでゆっくり冷え固まってできる火成岩
● 斑状組織（はんじょうそしき）…比較的（ひかく）大きな鉱物の斑晶（はんしょう）とそれをとり囲む石基（せっき）からなる。	● 等粒状組織（とうりゅうじょう）…同じくらいの大きさの鉱物が組み合わさっている。

地下のマグマがゆっくり冷え固まると大きな結晶になるよ。

❷ 地震

🔑　主要動（しゅようどう）　隆起（りゅうき）　震央（しんおう）　初期微動（しょきびどう）　P波　津波（つなみ）　沈降（ちんこう）　震源（しんげん）

　マグニチュード（M）　S波　震度（しんど）　初期微動継続時間（けいぞく）

● 〔①　　　　　　　〕…地震のゆれの大きさを表すもの。

● 〔②　　　　　　　〕…地震の規模（きぼ）を表す値。

● 地震が発生した場所を〔③　　　　　　〕，〔③〕の真上の地表の地点を〔④　　　　　　〕という。

● 〔⑤　　　　　　　〕…地震のゆれで，はじめにくる小さなゆれ。

● 〔⑥　　　　　　　〕…〔⑤〕の後に続く大きなゆれ。

● 〔⑤〕を伝える速い波を〔⑦　　　　　　〕，〔⑥〕を伝えるおそい波を〔⑧　　　　　　〕という。

● 〔⑨　　　　　　　〕…P波とS波の到着時刻の差。

● 〔⑩　　　　　　　〕…海底で起こった地震による海水のうねり。

● 地震などにより，土地がもり上がることを〔⑪　　　　　　〕，地震などにより，土地が沈むことを〔⑫　　　　　　〕という。

日本では，震度は10段階に分けられているね。0，1，2，3，4，5弱，5強，6弱，6強，7の10段階だよ。

初期微動継続時間は震源までの距離に比例するよ。計算問題にチャレンジしてみよう。

❸ 地層，大地の変動

🔑 断層　地質年代　風化　プレート　しゅう曲　堆積　示相化石
侵食　示準化石　堆積岩　運搬

地層のでき方や観察の
しかたを学び，地層か
ら大昔のできごとを読
みとってみよう。

●風化と侵食，運搬と堆積

岩石が気温の変化や水のはたらきにより，表面からもろくなってくず
れることを〔① 　　　　　　　〕といい，岩石が水のはたらきな
どによってけずられることを〔② 　　　　　　　〕という。
土砂が流水によって運ばれることを〔③ 　　　　　　　〕，〔③〕さ
れた土砂が積もって層をつくることを〔④ 　　　　　　　〕という。

● 〔⑤ 　　　　　　〕…地層のずれによるくいちがい。
● 〔⑥ 　　　　　　〕…地層が力によって，押し曲げられたもの。
● 〔⑦ 　　　　　　〕…堆積物が押し固められてできた岩石。

●示相化石と示準化石

地層が堆積した当時の環境を示す化石を〔⑧ 　　　　　　　〕，地
層が堆積した年代を示す化石を〔⑨ 　　　　　　　〕という。

サンゴやシジミは示相
化石，恐竜やナウマン
ゾウは示準化石だね。

● 〔⑩ 　　　　　　〕…地球の歴史の時代区分。
● 〔⑪ 　　　　　　〕…地球の表面をおおっている十数枚の岩盤。

❹ 気象観測と天気の変化

🔑 湿度　雲　露点　気象　水の循環　飽和水蒸気量

● 〔① 　　　　　　〕…大気中に生じるさまざまな自然現象。雲量，
気温，湿度，気圧，風向，風力などを**気象要素**という。

気象の変化を知るため
にも，気象要素の調べ
方を覚えておこう。

● 〔② 　　　　　　〕…水蒸気の凝結が始まるときの温度。
● 〔③ 　　　　　　〕…ある気温で空気 1 m³中にふくむことができ
る水蒸気の最大質量。
● 〔④ 　　　　　　〕…空気 1 m³中にふくまれている水蒸気の量の
割合を，飽和水蒸気量に対する百分率で表したもの。

$$〔④〕〔\%〕 = \frac{空気\,1\,m^3中にふくまれている水蒸気の量〔g〕}{その気温での飽和水蒸気量〔g〕} \times 100$$

公式を使って，湿度を
求める計算問題にチャ
レンジしてみよう。

● 〔⑤ 　　　　　　〕…空気のかたまりにふくまれる水蒸気が水滴
や氷の粒となったもの。**霧**は，地上付近にできた〔⑤〕のこと。
● 〔⑥ 　　　　　　〕…水は，太陽のエネルギーによって，陸と海
と大気の間を，状態変化しながら循環している。

ここで学んだ内容を
次で確かめよう！

 100点 30分

1 右の図は，火成岩を観察したときのつくりを模式的に表したものである。これについて，次の問いに答えなさい。

4点×8 (32点)

(1) 図のA，Bのつくりをそれぞれ何というか。

A （　　　　　　　　　） B （　　　　　　　　　）

(2) 図のAのつくりの⑦，⑦の部分をそれぞれ何というか。

⑦ （　　　　　　　　　） ⑦ （　　　　　　　　　）

(3) 図のA，Bのつくりをもつ火成岩をそれぞれ何というか。

A （　　　　　　　　　） B （　　　　　　　　　）

(4) (3)のA，Bにあてはまる岩石を，それぞれ次の**ア～エ**からすべて選びなさい。

A （　　　　　　　　　） B （　　　　　　　　　）

ア 花こう岩　　**イ** 玄武岩　　**ウ** 安山岩　　**エ** 斑れい岩

2 図1は，ある地震のゆれを地震計で記録したものである。また，図2は，この地震の震源からの距離と地震発生からP波，S波が届くまでの時間をグラフに表したものである。これについて，あとの問いに答えなさい。

4点×7 (28点)

図1

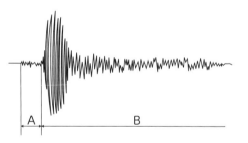

図2

(1) 図1のA，Bのゆれをそれぞれ何というか。

A （　　　　　　　　　） B （　　　　　　　　　）

(2) 図2から，P波，S波の速さはそれぞれ何km/sか。

P波 （　　　　　　　　　） S波 （　　　　　　　　　）

(3) 図1が記録された地点では，Aのゆれが15秒間続いた。この地点は，震源から何km離れているか。

（　　　　　　　　　）

(4) 図1で，Aのゆれが続く時間を何というか。 （　　　　　　　　　）

(5) 図1の地点で，Aのゆれが始まったのは16時12分39秒だった。この地震が発生した時刻は，何時何分何秒になるか。

（　　　　　　　　　）

④の問題は，図2のグラフから，その温度の空気にふくまれる飽和水蒸気量がわかるので，湿度の計算式を利用して，湿度を求めよう。

3 右の図は，ある崖に現れている地層を観察してスケッチしたものである。これについて，次の問いに答えなさい。

4点×5（20点）

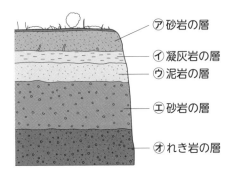
⑦ 砂岩の層
⑦ 凝灰岩の層
⑦ 泥岩の層
① 砂岩の層
⑦ れき岩の層

(1) 図の地層の中で，最も古い層はどれか。⑦〜⑦から選びなさい。（　　　　　）

(2) 過去に火山活動があったことを示す層はどれか。⑦〜⑦から選びなさい。（　　　　　）

(3) ⑦，①，⑦の層が堆積したとき，この地域から河口までの距離はどのように変化したと考えられるか。（　　　　　）

(4) ①の層にはサンゴの化石が見つかった。このことから，①の層が堆積した当時はどのような環境であったことがわかるか。（　　　　　）

(5) ⑦の層のれきは丸みを帯びていた。その理由を簡単に書きなさい。
（　　　　　　　　　　　　　　　　　　　　　　　　　　　）

4 次のような手順で実験を行った。あとの問いに答えなさい。

4点×5（20点）

> **手順1** 金属製のコップにくみ置きの水を入れ，温度をはかった。
>
> **手順2** 図1のように，氷を入れた試験管をコップの中に入れ，水の温度を下げていくと，18℃でコップの表面がくもり始めた。

図1
温度計
試験管
氷
セロハンテープ
金属製のコップ

図2
飽和水蒸気量〔g/m³〕
19.4
15.4
9.4
10　18　22
温度〔℃〕

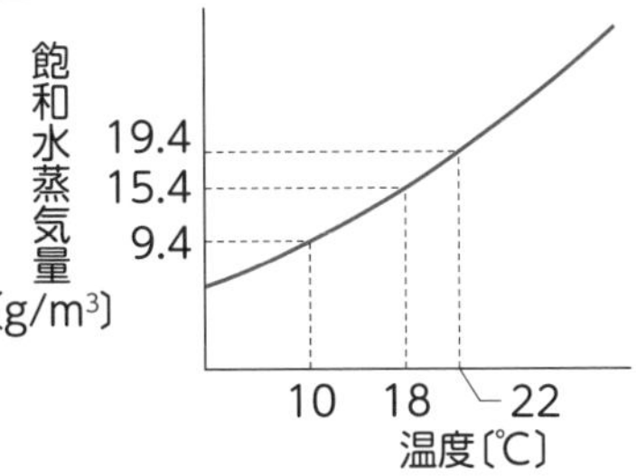

(1) コップの表面がくもり始めたときの温度を，その空気の何というか。（　　　　　）

(2) 図2は，空気の温度と飽和水蒸気量の関係を示したグラフである。この部屋の空気1m³中にふくまれている水蒸気量はおよそ何gか。（　　　　　）

(3) 実験を行ったときの部屋の空気の温度は22℃であった。このときの湿度は何％か。小数第1位を四捨五入して，整数で答えなさい。
（　　　　　）

(4) (3)の空気の温度を10℃まで下げると，空気1m³中に何gの水滴が現れるか。ただし，部屋は閉めきっていて，空気の出入りはないものとする。（　　　　　）

(5) (4)のとき，この部屋の空気の湿度は何％か。（　　　　　）

天気とその変化②, 地球と宇宙

天気の変化や, 地球と宇宙の結びつきについて学習しよう!

解答 > p.20〜21

要点 を確認しよう

〔 〕にあてはまる語句を, 攻略のキーワード 🔑 から選んで書きましょう。

① 大気の動きと天気の変化, 日本の天気

🔑 台風 温暖前線 停滞前線 季節風 寒冷前線 等圧線 前線面 圧力
気圧 高気圧 気団 前線 閉塞前線 西高東低 低気圧 偏西風

気圧と風の関係や, 前線について学ぶよ。前線の動きと天気の変化に注目しよう。

●〔①   〕…単位面積（1m²）あたりに垂直にはたらく力。

$$〔①〕〔Pa〕= \frac{面に垂直に加わる力〔N〕}{力が加わる面積〔m^2〕}$$

●〔②   〕または**大気圧**…大気の重さによって生じる圧力。単位はヘクトパスカル（hPa）。1hPa＝100Pa

●〔③   〕…気圧の値の等しい地点を結んだ曲線。

●高気圧と低気圧

気圧がまわりより高いところを

〔④   〕, 気圧がまわりより低いところを

〔⑤   〕という。

上空の風

下降気流　北　上昇気流

〔④〕　地上付近の風(北半球)　〔⑤〕

高気圧と低気圧では, 風の向きや中心部の天気にちがいがあるね。

●〔⑥   〕…気温や湿度がほぼ一様な空気のかたまり。

●〔⑦   〕…性質の異なる気団が接してできる境界面。

●〔⑧   〕…前線面が地表面と交わるところ。

▶〔⑨   〕…寒気団と暖気団の勢力がほぼ同じで, 停滞した前線。

▶〔⑩   〕…寒気が暖気を押し上げながら進む前線。

▶〔⑪   〕…暖気が寒気にはい上がりながら進む前線。

図を見ながら, それぞれの名称を覚えておこう。

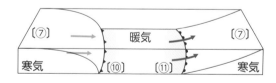

〔⑦〕　暖気　〔⑦〕
寒気　〔⑩〕　〔⑪〕　寒気

▶〔⑫   〕…寒冷前線が温暖前線に追いつきできる前線。

●〔⑬   〕…日本付近の上空を西から東へふく風。

●〔⑭   〕…季節に特有の風。

●〔⑮   〕…日本の冬に典型的な気圧配置。

●〔⑯   〕…最大風速が17.2m/s以上の熱帯低気圧。

日本は夏に小笠原気団, 冬にシベリア気団の影響を受けるんだね。

② 天体の動き

🔑 公転　日周運動　南中高度　天球　年周運動　南中　地軸　自転
　天頂　黄道

●太陽など天体が南の空で最も高くなることを〔① 　　　　　　　　〕
といい，〔①〕したときの高度を〔② 　　　　　　　　〕という。

●〔③ 　　　　　　　　〕…地球の北極と南極を結ぶ線。

●〔④ 　　　　　　　　〕…天体が〔③〕を中心に自ら回転すること。

●〔⑤ 　　　　　　　　〕…天体の位置や動きを示す，見かけ上の仮想
の球体。観測者の真上の点を〔⑥ 　　　　　　　　〕という。

●〔⑦ 　　　　　　　　〕…地球の自転によって，天体が約1日で1回
地球のまわりを回るように見える動き。

●〔⑧ 　　　　　　　　〕…天体が，ほかの天体のまわりを回ること。

●〔⑨ 　　　　　　　　〕…天体が1年で1回転する，地球の公転によ
る見かけ上の動き。

●〔⑩ 　　　　　　　　〕…天球上における太陽の通り道。

太陽や星の動きについて，なぜそのように動いて見えるのかに注目しよう。

ガンバレ

日本の北の空では，北極星を中心に反時計回りに動いて見えるね。

③ 月と惑星の動き

🔑 恒星　月食　月の満ち欠け　日食　惑星

●〔① 　　　　　　　　〕…月の見え方が日によって変化すること。

●月によって太陽がかくされることを〔② 　　　　　　　　〕，月が地
球の影に入ることを〔③ 　　　　　　　　〕という。

●〔④ 　　　　　　　　〕…自ら光を出している天体。

●〔⑤ 　　　　　　　　〕…恒星のまわりを公転している天体。

日食と月食では，太陽，地球，月の並び方がちがうね。どうちがうか比べてみよう。

④ 地球と宇宙

🔑 衛星　銀河　木星型惑星　小惑星　太陽系　地球型惑星　銀河系　黒点

●〔① 　　　　　　　　〕…太陽の表面に黒く見える，しみのような点。

●〔② 　　　　　　　　〕…太陽と太陽のまわりを回る天体の集まり。

　▶小型で密度が大きい惑星を〔③ 　　　　　　　　〕，大型で密度が
　小さい惑星を〔④ 　　　　　　　　〕という。

●〔⑤ 　　　　　　　　〕…惑星のまわりを公転している天体。

●〔⑥ 　　　　　　　　〕…主に火星と木星の間を公転する小天体。

●〔⑦ 　　　　　　　　〕…太陽系が属する，千億個以上の恒星の集団。

●〔⑧ 　　　　　　　　〕…恒星が数億から1兆個以上集まった大集団。

太陽系には，水星，金星，地球，火星，木星，土星，天王星，海王星の8つの惑星があり，これらは，地球型惑星と木星型惑星の2つに分けられるよ。

ここで学んだ内容を次で確かめよう！

100点 30分

1 右の図は，日本付近の天気図で見られる，前線をともなう温帯低気圧を表したものである。これについて，次の問いに答えなさい。

4点×7 (28点)

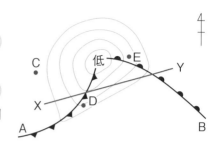

(1) A，Bの前線の名称を答えなさい。

　A (　　　　　　　)　B (　　　　　　　)

(2) C～Eの地点で，最も気圧が低いのはどこか。

(　　　　　　　)

(3) 前線A，Bを図のようにX-Yで切ったときの断面図を，次の⑦～⊆から選びなさい。ただし，→は暖気，→は寒気の動きを表すものとする。　(　　　　)

(4) C～Eの地点で，このあと激しい雨が降り，前線通過後は気温が下がると思われるのはどこか。

(　　　　　　　)

(5) この低気圧の中心付近での空気の流れは，下降気流，上昇気流のどちらか。

(　　　　　　　)

(6) この低気圧は，このあと，どの方位からどの方位へ移動すると考えられるか。東，西，南，北から2つの方位を使って答えなさい。　(　　　　　　　)

2 右の図は，日本のある地点で，太陽の位置を一定時間おきに透明半球に印をつけ，なめらかな線で結んだものである。これについて，次の問いに答えなさい。

4点×6 (24点)

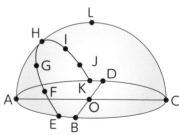

(1) 太陽の位置を記録するとき，油性ペンの先端の影は，どこと一致させればよいか。A～D，Oから選びなさい。

(　　　　　　　)

(2) Oの真上の点Lを何というか。　(　　　　　　　)

(3) 日の出の位置は，E，Kのどちらか。　(　　　　)

(4) 図のHは，太陽が最も高くなったときの位置である。このときの太陽の高度はどのように表されるか。∠ABCのように答えなさい。

(　　　　　　　)

(5) 一定時間ごとの太陽の位置の間隔は同じであった。このことから，太陽の動く速さはどのようであるといえるか。　(　　　　　　　)

(6) このような，太陽の1日の見かけの動きを何というか。　(　　　　　　　)

3 図1は，太陽，金星，地球の位置関係を示したものである。これについて，次の問いに答えなさい。

4点×7（28点）

(1) 金星の公転の向きは，A，Bのどちらか。（　　　）

(2) 夕方に金星が見えるのは，金星がどの位置にあるときか。⑦〜⑦からすべて選びなさい。（　　　）

(3) 金星が最も大きく見えるのは，金星がどの位置にあるときか。⑦〜⑦から選びなさい。（　　　）

(4) 金星が最も小さく見えるのは，金星がどの位置にあるときか。⑦〜⑦から選びなさい。（　　　）

(5) 金星が⑦の位置にあるとき，金星はどのような形に見えるか。図2のa〜eから選びなさい。（　　　）

(6) 地球から金星を観察することができないのは，金星がどの位置にあるときか。⑦〜⑦から選びなさい。（　　　）

(7) 金星を真夜中に見ることができないのはなぜか。簡単に答えなさい。

（　　　　　　　　　　　　　　　　　）

図1

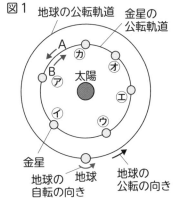

図2（実物と上下左右は同じ。）

4 右の図は，太陽投影板をとりつけた天体望遠鏡を用いて，太陽の表面のようすを観察し，スケッチしたものである。ただし，記録紙上の方位は，太陽の像が記録用紙からずれていく方向を西としている。これについて，次の問いに答えなさい。

4点×5（20点）

(1) 記録用紙にある，しみのような黒い部分を何というか。（　　　　　　　）

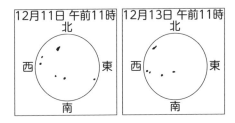

(2) (1)の部分が黒く見えるのはなぜか。簡単に答えなさい。

（　　　　　　　　　　　　　　）

(3) 黒い部分が時間の経過とともに記録用紙上を移動することから，どのようなことがわかるか。次のア〜エから選びなさい（　　　）

　ア　太陽の公転　　　イ　太陽の自転　　　ウ　地球の公転　　　エ　地球の自転

(4) 記録用紙の中央部で円形に見えた黒い部分は，周辺部では細長い楕円形に見える。このことから，太陽はどのような形をしているといえるか。（　　　）

(5) 太陽と，太陽を中心として運動している惑星などの天体の集まりを何というか。

（　　　　　　　　　　　　）

にあてはまる語句を答えよう。
解答はページの下側にあるよ。

① 花のつくり

↪ p.6〜9

● アブラナの花のつくり

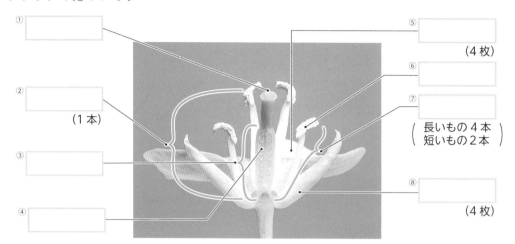

① ▢

② ▢ （1本）

③ ▢

④ ▢

⑤ ▢ （4枚）

⑥ ▢

⑦ ▢ (長いもの4本 短いもの2本)

⑧ ▢ （4枚）

② 細胞のつくり

↪ p.6〜9

● 植物の細胞

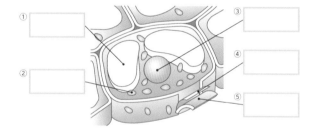

① ▢　② ▢　③ ▢　④ ▢　⑤ ▢

● 動物の細胞

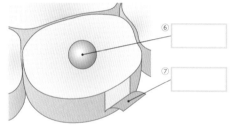

⑥ ▢　⑦ ▢

③ 感覚器官

↪ p.10〜13

● 目の断面

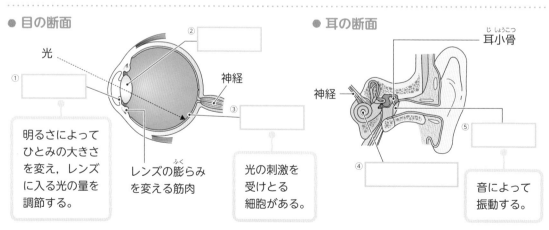

光

① ▢

明るさによってひとみの大きさを変え，レンズに入る光の量を調節する。

レンズの膨らみを変える筋肉

② ▢

神経

③ ▢

光の刺激を受けとる細胞がある。

● 耳の断面

耳小骨

神経

④ ▢

⑤ ▢

音によって振動する。

④ 体細胞分裂と染色体

⤷ p.10～13

● 植物の体細胞分裂

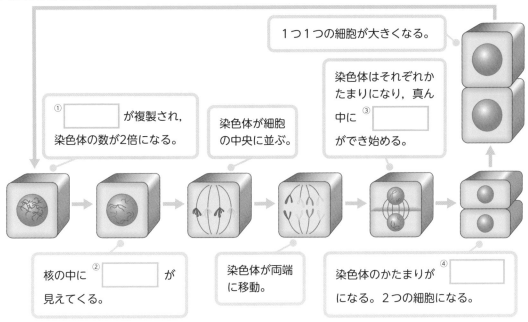

１つ１つの細胞が大きくなる。

① [　　　　　　] が複製され，染色体の数が2倍になる。

染色体が細胞の中央に並ぶ。

染色体はそれぞれかたまりになり，真ん中に③ [　　　　] ができ始める。

核の中に② [　　　　　] が見えてくる。

染色体が両端に移動。

染色体のかたまりが④ [　　　　] になる。2つの細胞になる。

⑤ 地震のゆれと規模

⤷ p.38～41

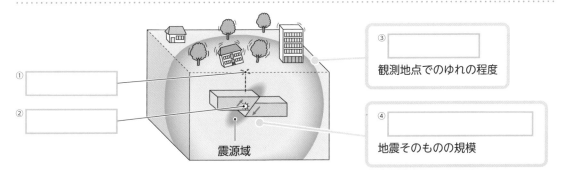

① [　　　　　　]

② [　　　　　　]

震源域

③ [　　　　　　]
観測地点でのゆれの程度

④ [　　　　　　]
地震そのものの規模

⑥ 天気記号と雲量

⤷ p.38～41

● 天気記号

快晴	晴れ	くもり	雨	雷	雪	あられ	霧	天気不明
①	◯	②	③	⊖	⊗	△	●	⊗

● 雲量と天気

雲量	0～1	2～8	9～10
天気	快晴	④	⑤

● 雲量3

天気は⑥ [　　　　]。

● 雲量9

天気は⑦ [　　　　]。

❼ 月の満ち欠け

p.42~45

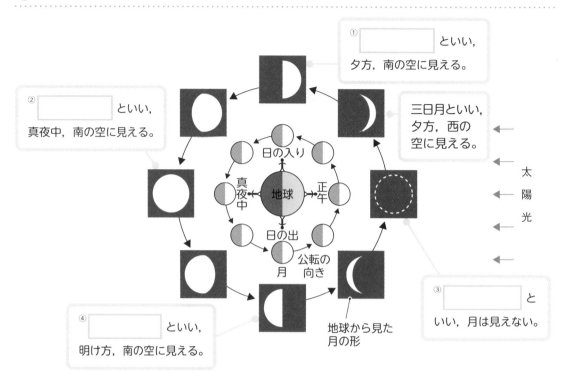

① [　　　　　] といい，夕方，南の空に見える。

② [　　　　　] といい，真夜中，南の空に見える。

三日月といい，夕方，西の空に見える。

③ [　　　　　] といい，月は見えない。

④ [　　　　　] といい，明け方，南の空に見える。

地球から見た月の形

太陽光

日の入り
真夜中
地球
正午
日の出
月　公転の向き

❽ 金星の見え方

p.42~45

① [　　　　　]，② [　　　　　] の空に見え，よいの明星とよばれる。

③ [　　　　　]，④ [　　　　　] の空に見え，明けの明星とよばれる。

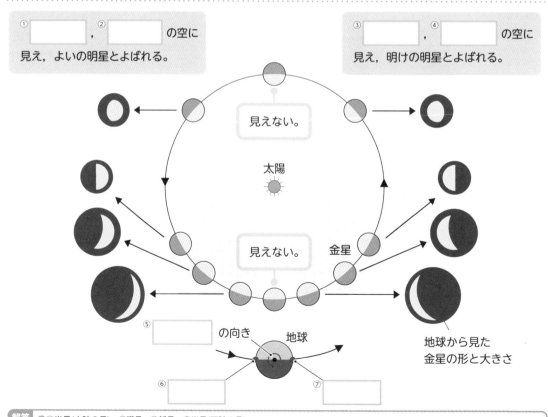

見えない。

太陽

見えない。

金星

⑤ [　　　　　] の向き

地球

⑥ [　　　　　]　　⑦ [　　　　　]

地球から見た金星の形と大きさ

解答 ❼①半月(上弦の月)　②満月　③新月　④半月(下弦の月)
❽①夕方　②西　③明け方　④東　⑤自転　⑥夕方　⑦明け方

48

入試チャレンジテスト
理科

検査時間 40分

---

1 この冊子はテキスト本体からはぎとって使うことができます。

2 解答用紙は，この冊子の中心についています。

冊子の留め金から解答用紙をはずして，答えを記入することができます。

3 答えは，すべて解答用紙の指定されたところに記入しましょう。

4 問題は，5問で10ページです。

5 時間をはかって，制限時間内に問題を解きましょう。

6 問題を解く際にメモをするときは，この冊子の余白を使いましょう。

7 「解答と解説」の22ページで，答え合わせをして得点を書きましょう。

1 次の問いに答えなさい。 ［北海道改］

(1) 次の文の ① ～ ⑥ にあてはまる語句を書きなさい。

① 抵抗器や電熱線（金属線）に流れる電流の大きさは，それらに加わる電圧の大きさに比例する。この関係を ① の法則という。

② 生物の体の特徴が，長い年月をかけて世代を重ねる間に，しだいに変化することを ② といい，その結果，地球上にはさまざまな種類の生物が出現してきた。

③ 風化してもろくなった岩石が，水などのはたらきによってけずられることを ③ という。

④ 二酸化炭素のように，原子がいくつか結びついた粒子で，物質としての性質を示す最小単位の粒子を ④ という。

⑤ 遺伝子は，細胞の核内の染色体にふくまれ，遺伝子の本体は ⑤ という物質である。

⑥ 水の電気分解とは逆の化学変化を利用して，水素と酸素が化学反応を起こして水ができるときに，発生する電気エネルギーを直接とり出す装置を ⑥ 電池という。

(2) 物体どうしが離れていてもはたらく力を，次のア～オから2つ選び，記号で答えなさい。

ア 重力　　イ 弾性力　　ウ 摩擦力　　エ 垂直抗力　　オ 磁石の力

(3) 火山灰の中にふくまれる主な鉱物のうち，無色鉱物を，次のア～カからすべて選び，記号で答えなさい。

ア 石英_{せきえい}　　イ 角閃石_{かくせんせき}　　ウ 長石_{ちょうせき}

エ 輝石_{きせき}　　オ 黒雲母_{くろうんも}　　カ カンラン石

(4) 銅の粉末を黒色になるまで十分に加熱して，完全に酸化したあとの粉末の質量をはかり，加熱前の銅の粉末の質量と加熱後の粉末の質量との関係を図1に表した。銅1.2gを十分に加熱し，完全に酸化したとき，この銅に結びついた酸素の質量は何gか。

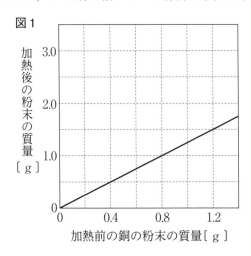

図1

加熱後の粉末の質量〔g〕

加熱前の銅の粉末の質量〔g〕

(5) 表は，湿度表の一部である。乾湿計の乾球の示す温度（示度）が10.0℃のとき，湿球の示す温度（示度）は7.5℃であった。このときの湿度を，表を用いて求めなさい。

		乾球の示す温度と湿球の示す温度の差[℃]					
		0.0	0.5	1.0	1.5	2.0	2.5
乾球の示す温度[℃]	13	100	94	88	82	77	71
	12	100	94	88	82	76	70
	11	100	94	87	81	75	69
	10	100	93	87	80	74	68
	9	100	93	86	80	73	67
	8	100	93	86	79	72	65
	7	100	93	85	78	71	64

(6) 次の文の ① , ② にあてはまる語句を，それぞれ書きなさい。

　　被子植物の受精では， ① の中にある卵細胞の核と花粉管の中を移動してきた精細胞の核が合体して受精卵がつくられる。受精卵は細胞分裂をくり返して種子の中の ② になり， ① 全体は種子になる。

(7) 図2のように，まっすぐな導線に電流を流すとき，最も磁界が強い点として適切なものを，導線に垂直な平面上にある点A～Fから1つ選び，記号で答えなさい。なお，図3は導線の真上から平面を見たものである。

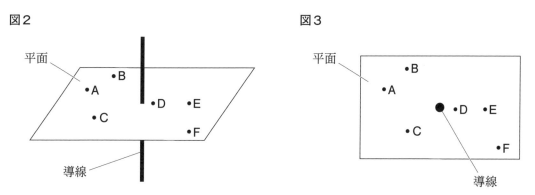

図2

図3

2 次の問いに答えなさい。

[神奈川]

(1) 次の □ は，真空放電管（クルックス管）で起こる放電についてまとめたものである。
文中の（ ① ），（ ② ）にあてはまるものの組み合わせとして最も適切なものを，
あとの**ア〜エ**から１つ選び，記号で答えなさい。

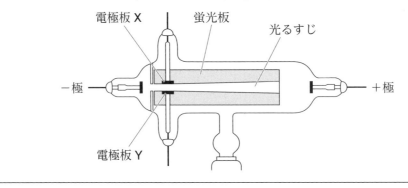

誘導コイルを使って真空放電管に高い電圧を加えたところ，図のように蛍光板上に
光るすじが見えた。このとき，蛍光板を光らせる粒子は，真空放電管の内部で
（ ① ）に向かって流れている。次に，光るすじが見えている状態のまま，別の電
源を用意し，電極板Xをその電源の＋極に，電極板Yをその電源の－極にそれぞれつ
ないで電圧を加えたところ，光るすじは（ ② ）の側に曲がった。

ア ①：＋極から－極 ②：電極板X **イ** ①：＋極から－極 ②：電極板Y
ウ ①：－極から＋極 ②：電極板X **エ** ①：－極から＋極 ②：電極板Y

(2) 電圧が等しい電池と，抵抗の大きさが等しい電熱線を用い，図のような３種類の回路A，
回路B，回路Cをつくった。回路Aの電熱線の電力の値をa，回路Bの２つの電熱線の電力
の値の合計をb，回路Cの２つの電熱線の電力の値の合計をcとするとき，$a〜c$の関係を，
不等号（＜）で示したものとして最も適切なものを，あとの**ア〜カ**から１つ選び，記号で
答えなさい。

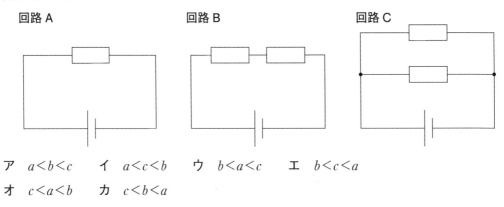

ア $a<b<c$ **イ** $a<c<b$ **ウ** $b<a<c$ **エ** $b<c<a$
オ $c<a<b$ **カ** $c<b<a$

(3) 図のような光学台に，光源，物体（矢印の形をくりぬいた板），凸レンズ，スクリーンを一直線になるように置いた。物体と凸レンズとの距離を20cmにして，スクリーンを移動させたところ，凸レンズとスクリーンとの距離が20cmになったときに，物体と同じ大きさの像がスクリーンにはっきりとうつった。□□□は，この実験から考えられることをまとめたものである。文中の（　X　），（　Y　）にあてはまるものの組み合わせとして最も適切なものを，あとのア～エから1つ選び，記号で答えなさい。

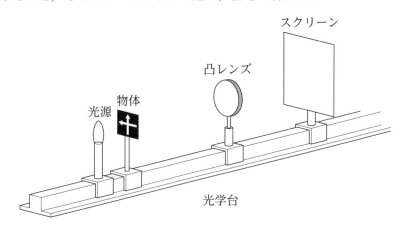

スクリーン

凸レンズ

光源　物体

光学台

　この実験で用いた凸レンズの焦点距離は（　X　）cmである。この凸レンズを焦点距離が15cmの凸レンズにとりかえて，物体と凸レンズとの距離を20cmにすると，スクリーンに物体の像がはっきりとうつるときの凸レンズとスクリーンとの距離は，20cmより（　Y　）と考えられる。

ア　X：10　　Y：長くなる

イ　X：10　　Y：短くなる

ウ　X：20　　Y：長くなる

エ　X：20　　Y：短くなる

3 ロボットの動きに興味をもったKさんは，ロボットのうでとヒトのうでの動くしくみについて調べた。あとの問いに答えなさい。 ［大阪］

【Kさんが調べたこと】

・ロボットのうでには，図1の模式図のように，手首やひじ，肩（かた）などの関節にあたる場所にモーターが組みこまれていて，それらのモーターの回転によって，ロボットのうでは動く。

図1

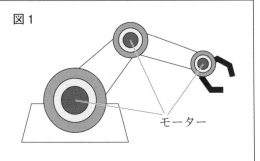

モーター

・ヒトは脊椎動物であり，体の内部に骨格がある。図2は，ヒトのうでの骨格と筋肉の一部を表した模式図である。ヒトのうでの骨格は，ひじの関節をはさんで肩側の骨と手首側の骨がつながったつくりをもつ。

図2

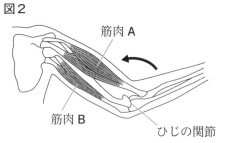

筋肉A

筋肉B

ひじの関節

・ヒトは骨格とつながった筋肉を縮めることにより，関節を用いて運動する。骨につく筋肉は，両端が ① とよばれるつくりになっていて，図2のように，関節をまたいで2つの骨についている。脳や脊髄からなる②〔ア 中枢　イ 末しょう〕神経からの命令が③〔ウ 運動　エ 感覚〕神経を通って筋肉に伝えられると，筋肉が縮む。

(1) 次のア～エのうち，下線部に分類される生物を1つ選び，記号で答えなさい。

　ア　クモ　　イ　メダカ　　ウ　ミミズ　　エ　アサリ

(2) 上の文中の ① にあてはまる語句を書きなさい。

(3) 上の文中の②〔　　〕，③〔　　〕から適切なものをそれぞれ1つずつ選び，記号で答えなさい。

入試チャレンジテスト 理科

解答用紙

テスト冊子から
はずして使えるよ！

1

(1)	①		②		③
	④		⑤		⑥

(2)	

(3)	

(4)	g

(5)	%

(6)	①		②	

(7)	

2

(1)	
(2)	
(3)	

3

(1)	
(2)	
(3)	②		③	
(4)	
(5)	器官

4	(1)	
	(2)	
	(3)	
	(4)	
	(5)	
	(6)	
	(7)	東　　　　西　　　　南　　　　北

図中ラベル：天頂、天球、南、西、東、北

5	(1)	性
	(2)	g
	(3)	
	(4)	①　　　②　　　③
	(5)	①　　　②
	(6)	

(4) ロボットのうでを曲げのばしするモーターは，図1のように関節にあたる場所に組みこまれているが，ヒトのうでを曲げのばしする筋肉は，図2のように骨の両側にあり，たがいに向き合うようについている。次のア〜エのうち，図2中の矢印で示された向きに，ひじの部分でうでを曲げるときの，筋肉Aと筋肉Bのようすとして最も適切なものを1つ選び，記号で答えなさい。

ア　筋肉Aは縮み，筋肉Bはゆるむ（のばされる）。

イ　筋肉Aも筋肉Bも縮む。

ウ　筋肉Aはゆるみ（のばされ），筋肉Bは縮む。

エ　筋肉Aも筋肉Bもゆるむ（のばされる）。

(5) ヒトのうで，クジラやイルカのひれ，コウモリの翼のそれぞれの骨格には共通したつくりがある。図3は，ヒトのうで，クジラのひれ，コウモリの翼のそれぞれの骨格を表した模式図である。ヒトのうでの骨格は，肩からひじまでは1本の骨，ひじから手首までは2本の骨からなるつくりになっており，クジラのひれ，コウモリの翼の骨格のつくりと共通している。このように，現在のはたらきや形が異なっていても，もとは同じ器官であったと考えられるものは何とよばれる器官か，書きなさい。

図3

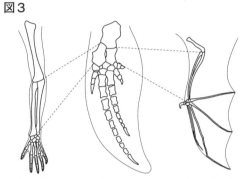

ヒトのうで　　クジラのひれ　　コウモリの翼

4 天体の動きについて調べるため，よく晴れた春分の日に，日本のある地点で，**観測Ⅰ**，**観測Ⅱ**を行った。あとの問いに答えなさい。

[和歌山改]

観測Ⅰ「透明半球を使って太陽の動きを調べる」

（i） 画用紙に透明半球のふちと同じ大きさの円をかき，その円の中心に印（点O）をつけ，透明半球と方位磁針をセロハンテープで固定した後，円に方位を記入し，方位を合わせて水平な場所に置いた。

（ii） 9時から17時まで，2時間ごとの太陽の位置を，フェルトペンの先の影が，画用紙上の　X　と重なるようにして，●印で透明半球に記録した。

（iii） ●印を，記録した順に点A〜Eとして，なめらかな曲線で結び，その曲線を透明半球のふちまでのばした。このとき，のばした曲線と画用紙にかいた円との交点のうち，東側の交点を点P，西側の交点を点Qとした（図1）。

図1　透明半球に記録した太陽の動き

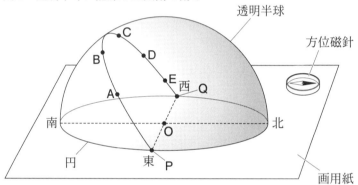

観測Ⅱ「夜空の星の動きを調べる」

（i） 見晴らしのよい場所で，4台のカメラを東西南北それぞれの夜空に向け固定した。

（ii） 4台のカメラのシャッターを一定時間開け続け，東西南北それぞれの夜空の星の動きを撮影した（図2）。

図2　東西南北それぞれの夜空

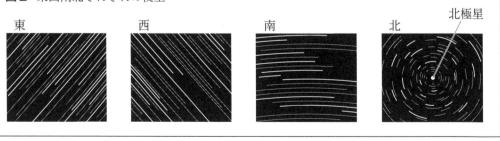

（1） 地球の自転による，太陽や星の1日の見かけの動きを何というか，書きなさい。

(2) 観測 I (ii) の文中の　X　にあてはまる適切な位置を表す語句を書きなさい。

(3) 観測 I (ii) について，次の**ア**〜**エ**は，地球を北極点の真上から見た場合の，太陽の光と観測地点の位置を模式的に表したものである。9時における観測地点の位置として最も適切なものを，次の**ア**〜**エ**から1つ選び，記号で答えなさい。

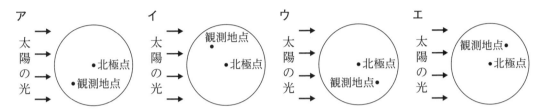

(4) 観測 I について，透明半球にかいた曲線にそってAB，BC，CD，DEの長さをはかると，それぞれ7.2cmであった。同様にEQの長さをはかると，4.2cmであった。日の入りのおよその時刻として最も適切なものを，次の**ア**〜**エ**から1つ選び，記号で答えなさい。

ア 17時50分頃　　**イ** 18時00分頃　　**ウ** 18時10分頃　　**エ** 18時20分頃

(5) よく晴れた春分の日に，赤道付近で太陽の観測を行った場合，観測者から見た天球（図3）上での日の出から日の入りまでの太陽の動きはどのようになるか，解答欄の図に実線（─）でかき入れなさい。

図3 赤道付近にいる観測者から見た天球

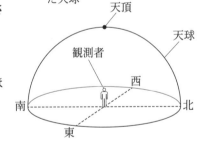

(6) 観測 II (ii) について，図2の北の夜空では，北極星がほとんど動いていない。その理由を簡潔に書きなさい。

(7) よく晴れた日に，南半球の中緯度のある地点の見晴らしのよい場所で観測 II を行った場合，東西南北それぞれの夜空の星の動きは，どのように撮影されるか。東，西，南，北での星の動きを模式的に表したものとして適切なものを，次の**ア**〜**エ**からそれぞれ1つ選び，記号で答えなさい。

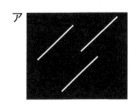
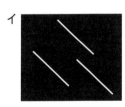
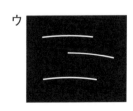
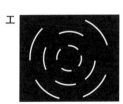

5　塩酸と水酸化ナトリウム水溶液を用いて実験を行った。あとの問いに答えなさい。

[岐阜改]

【実験】　2％の塩酸5cm³が入ったビーカーにBTB溶液を1～2滴
加えて水溶液の色を観察した。そのあと，図のように，こまごめ
ピペットとガラス棒を用いて，2％の水酸化ナトリウム水溶液2
cm³を加え，よくかき混ぜてから水溶液の色を観察することを，
4回続けて行った。下の表は，その結果をまとめたものである。

ガラス棒
こまごめ
ピペット

加えた水酸化ナトリウム水溶液の量〔cm³〕	0	2	4	6	8
水溶液の色		黄色		青色	

　次に，青色になった水溶液に，2％の塩酸を少しずつ加え，よくかき混ぜながら水溶液
の色を観察し，緑色になったところで塩酸を加えるのをやめた。この緑色の水溶液をスラ
イドガラスに1滴とり，水を蒸発させてからスライドガラスのようすを観察すると，塩化
ナトリウムの結晶が残った。

⑴　実験から，塩酸は何性とわかるか。語句で書きなさい。

⑵　2％の水酸化ナトリウム水溶液8cm³にふくまれる水酸化ナトリウムの質量は何gか。
ただし，2％の水酸化ナトリウム水溶液の密度を1.0g/cm³とする。

⑶　BTB溶液を加えたときのようすについて，正しく述べている文はどれか。次のア～エ
から1つ選び，記号で答えなさい。
　ア　牛乳は黄色になり，炭酸水は青色になる。
　イ　石けん水は青色になり，アンモニア水は赤色になる。
　ウ　レモン水は黄色になり，炭酸ナトリウム水溶液は青色になる。
　エ　食塩水は緑色になり，石灰水は黄色になる。

⑷　次の　　　　の①，②にはあてはまる化学式を，③にはあてはまる語句を，それぞれ書き
なさい。
　　実験で，塩酸の中の　①　は，加えた水酸化ナトリウム水溶液の中の　②　と結びつい
て水ができ，たがいの性質を打ち消し合った。この反応を　③　という。

(5) 次のA〜Dのグラフは，実験で，塩酸に加えた水酸化ナトリウム水溶液の量と，水溶液中のイオンの数の関係をそれぞれ表したものである。

A
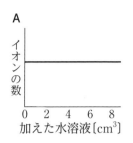

B
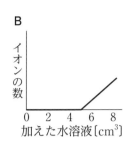

C
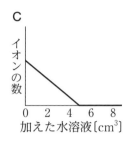

D
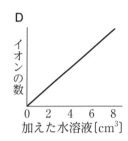

① 塩酸に加えた水酸化ナトリウム水溶液の量と，水酸化物イオンの数の関係を表したグラフとして最も適切なものを，A〜Dから1つ選び，記号で答えなさい。

② 塩酸に加えた水酸化ナトリウム水溶液の量と，塩化物イオンの数の関係を表したグラフとして最も適切なものを，A〜Dから1つ選び，記号で答えなさい。

(6) 実験では，スライドガラスに塩化ナトリウムの結晶が残ったが，2％の塩酸5cm³に2％の水酸化ナトリウム水溶液2cm³を加え，よくかき混ぜた水溶液をスライドガラスに1滴とり，水をすべて蒸発させるとどうなるか。最も適切なものを，次のア〜エから1つ選び，記号で答えなさい。

ア　塩化水素と塩化ナトリウムの結晶が残る。

イ　塩化ナトリウムの結晶が残る。

ウ　水酸化ナトリウムと塩化ナトリウムの結晶が残る。

エ　何も残らない。

コーチと入試対策！

10日間 完成

中学3年間の 総仕上げ

理科

解答と解説

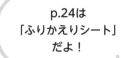

p.24は
「ふりかえりシート」
だよ！

「解答と解説」は
取りはずして使おう！

要点を確認しよう　p.6〜7

① ①種子植物　②柱頭　③子房　④胚珠　⑤受粉　⑥網状脈　⑦平行脈　⑧主根　⑨側根　⑩ひげ根
　　⑪根毛　⑫双子葉類　⑬単子葉類　⑭被子植物　⑮裸子植物　⑯胞子

② ①脊椎動物　②無脊椎動物

問題を解こう　p.8〜9

1 (1) ⚠**注意** おしべの先にある小さな袋⑦をやくといい，中に花粉が入っている。めしべの根もととの⑦は子房で，その中にある⑦は胚珠である。

(2) マツは，枝の先端にあるのが雌花で，その根もとにあるのが雄花である。雌花には子房がなく，胚珠⑦がむき出しになっている。雄花には花粉のう⑦があり，その中には花粉が入っている。

(3)(4) ☆**重要** 種子によってなかまをふやす種子植物は，胚珠が子房の中にある被子植物と，胚珠がむき出しになっている裸子植物に分けられる。

2 (1) 背骨をもつ動物を脊椎動物といい，5つのグループに分けられる。⑦のカエルは両生類，⑦のコイは魚類，⑦のペンギンは鳥類，⑨のトカゲはは虫類，⑦のシマウマは哺乳類である。

(2) 水中に卵を産むのは，魚類と両生類である。

(3) 両生類は，子はえらと皮膚で呼吸をし，親は肺と皮膚で呼吸をする。

(4) 魚類と両生類以外は，一生肺で呼吸をする。

(5)(6) 胎生なのは哺乳類だけで，ほかはすべて卵生である。

---

1 図1はサクラ，図2はマツの花のつくりを模式的に表したものである。これについて，次の問いに答えなさい。

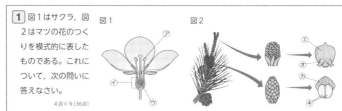

4点×9 (36点)

図1　図2

(1) 図1の⑦，⑦，⑦の名称をそれぞれ答えなさい。
　　⑦（　やく　）⑦（　子房　）⑦（　胚珠　）

(2) 図1の⑦，⑦，⑦と同じ役割をする部分を，図2の①〜⑦からそれぞれ選びなさい。同じ役割をする部分がない場合は×を書きなさい。
　　⑦（　⑦　）⑦（　×　）⑦（　⑦　）

(3) サクラやマツのように，種子によってなかまをふやす植物を何というか。
　　（　種子植物　）

(4) 花のつくりのちがいをもとに分類した場合，サクラ，マツはそれぞれ何植物に分類されるか。
　　サクラ（　被子植物　）マツ（　裸子植物　）

2 下の図の⑦〜⑦は，背骨をもつ5つのグループの動物を表したものである。これについて，あとの問いに答えなさい。

4点×6 (24点)

　⑦ カエル　　⑦ コイ　　⑦ ペンギン　　① トカゲ　　⑦ シマウマ

(1) 背骨をもつ動物を何というか。（　脊椎動物　）

(2) 水中に卵を産むのはどの動物か。⑦〜⑦からすべて答えなさい。（　⑦，⑦　）

(3) 一生のうち，えらと皮膚の両方で呼吸する時期があるのはどの動物か。⑦〜⑦から答えなさい。
　　（　⑦　）

(4) 一生肺で呼吸するのはどの動物か。⑦〜⑦からすべて答えなさい。（　⑦，①，⑦　）

(5) 雌の体内である程度成長してから子が生まれるのはどの動物か。⑦〜⑦から選びなさい。
　　（　⑦　）

(6) (5)のような，動物の生まれ方を何というか。（　胎生　）

実力アップ！

呼吸のしかたや子の生まれ方から，脊椎動物を区別しよう！

●**魚類**…えらで呼吸。卵生。

●**両生類**…子はえらと皮膚，成長すると肺と皮膚で呼吸。卵生。

●**は虫類，鳥類**…肺で呼吸。卵生。

●**哺乳類**…肺で呼吸。胎生。

3 ①細胞膜　②核　③葉緑体　④細胞壁　⑤細胞質　⑥細胞呼吸　⑦単細胞生物　⑧多細胞生物
　　⑨組織　⑩器官

4 ①光合成　②呼吸　③蒸散　④気孔　⑤維管束

---

3 図1，2は，植物と動物の細胞のつくりを模式的に表したものである。これについて，次の問いに答えなさい。

4点×6 (24点)

(1) 植物の細胞を表しているのは，図1，図2のどちらか。（　**図2**　）

(2) 植物と動物の細胞には，共通したつくりがある。図1の⑦，①と同じつくりを図2の⑦〜①から選びなさい。
　⑦と同じつくり　（　**力**　）
　①と同じつくり　（　**キ**　）

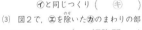

図1　　　　図2

(3) 図2で，①を除いた力のまわりの部分を何というか。（　**細胞質**　）

(4) 図2の①は，どのようなことに役立っているか。簡単に説明しなさい。
（　　植物の体を支えること。　　）

(5) 生物の体をつくっている1つ1つの細胞は，酸素と養分をとり入れて，生きるためのエネルギーをとり出している。このはたらきを何というか。（　**細胞呼吸**　）
（細胞の呼吸，細胞による呼吸）

---

4 次のような手順で実験を行った。これについて，あとの問いに答えなさい。

4点×4 (16点)

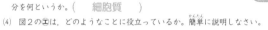

手順1　同じ植物の葉4枚に，図のようにワセリンをぬり，チューブ4本と4枚の葉を水槽の水の中でつないだ。

手順2　1の4組を葉の表側を上にしてバットに置き，約10分後にチューブの水の位置をものさしではかった。

ワセリンを
Ⓐ表側と裏側にぬる。
Ⓑ裏側のみにぬる。
Ⓒ表側のみにぬる。
Ⓓ塗らない。

はじめの　水を満たした　葉
水の位置　チューブ

(1) 水の位置の変化から，何の量がわかるか。（　吸水量（蒸散量）　）

(2) 葉にワセリンをぬると，植物の何という現象をおさえることができるか。
（　　蒸散　　）

(3) 水の位置の変化は，Ⓓ＞Ⓒ＞Ⓑ＞Ⓐの順に多かった。このことから，気孔の数が多いのは，葉の表側と裏側のどちらであるといえるか。（　裏側　）

(4) (2)の現象が起こっているとき，植物の根ではどのようなはたらきが行われているか。
（　吸水のはたらき。（水を吸い上げるはたらき。）　）

ポイント ②

蒸散と吸水（水の吸い上げ）の関係をまとめよう！

・光が当たる（昼など）→気孔が開く→蒸散がさかんに起こる
　→根から吸水がさかんに起こる。
・光が当たらない（夜など）→気孔が閉じる→蒸散が起こらない→根から吸水がほとんど起こらない。
・蒸散…植物の体の中の水が，水蒸気として出ていくこと。

---

3 (1)植物の細胞には，細胞壁，液胞，葉緑体がある。

(2)植物と動物の細胞で共通しているものは，核と細胞膜である。

(3)核と細胞壁以外の部分を細胞質といい，細胞膜もふくまれる。

(4)細胞壁はじょうぶなつくりをしていて，植物の体を支えるのに役立っている。

(5)**■参考**　細胞呼吸は内呼吸ともいう。細胞呼吸は，酸素を使って養分から生きるために必要なエネルギーをとり出すはたらきである。細胞呼吸によって，二酸化炭素と水ができる。

4 (1)葉の気孔から出ていった水の分だけチューブの水が吸い上げられ，チューブの水の位置が変化する。

(2)ワセリンをぬると，気孔がふさがれるため，植物の体の中の水が，水蒸気として気孔から出ていくことができなくなる。

(3)吸水量の変化は蒸散量と考えられるので，蒸散量は，ワセリンを葉の裏側だけにぬったⒷより，葉の表側だけにぬったⒸのほうが多いことがわかる。よって，気孔の数は，裏側に多いといえる。

(4)蒸散によって出ていった分の水は，根からの吸水によって補われている。

要点 を確認しよう　p.10～11

① ①消化　②消化管　③消化酵素　④吸収　⑤肺胞　⑥動脈　⑦静脈　⑧組織液　⑨肺循環　⑩体循環　⑪動脈血　⑫静脈血　⑬排出　⑭中枢神経　⑮末しょう神経　⑯感覚神経　⑰運動神経　⑱反射

問題 を解こう　p.12～13

1 (1) ⚠注意 だ液はヒトの体内ではたらくため，体温に近い温度にする。

(2) Bのデンプンは，だ液のはたらきによって分解されたが，Aのデンプンは分解されていない。ヨウ素液は，デンプンに反応して青紫色になる。

(3)(4) 📖参考 Bのデンプンは，だ液のはたらきによって，ブドウ糖が2つつながったもの（麦芽糖）や3つ以上つながったものなどに分解された。ベネジクト液は，ブドウ糖や麦芽糖をふくむ液に加えて加熱すると，反応して赤褐色の沈殿ができる。

2 (1)(2)分裂前の細胞（㋐）→核の中に染色体が見えてくる（㋒）→中央に並んだ染色体が太く短くなって2つに分かれる（㋕）→分かれた染色体が両端に移動する（㋑）→分かれた染色体がかたまりになり，仕切りができ始める（㋓）→染色体のかたまりが核になり，2つの細胞になる（㋔）。

(3)(4) ☆重要 体をつくっている体細胞が行う細胞分裂を体細胞分裂という。体細胞分裂後の細胞の染色体の数は，もとの細胞と同じである。

---

1 だ液のはたらきを調べるため，次のような実験を行った。これについて，あとの問いに答えなさい。

5点×4 (20点)

手順1 図1のように，2本の試験管A，Bを用意し，36℃くらいの水に10分間入れた。

手順2 図2のように，試験管A，Bからそれぞれ溶液を半分だけとり出し，ヨウ素液を2，3滴加え，色の変化を見た。

手順3 図3のように，試験管A，Bの残りの溶液にベネジクト液を加え，加熱した。

図1　　デンプン溶液（5mL）とだ液（2mL）／デンプン溶液（5mL）と水（2mL）／36℃くらいの水

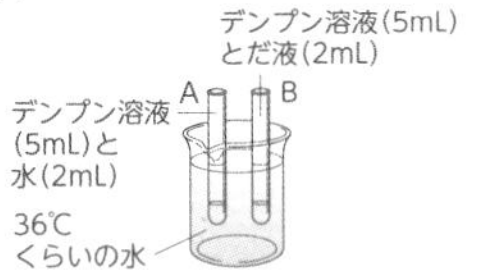

図2　A　B　ヨウ素液

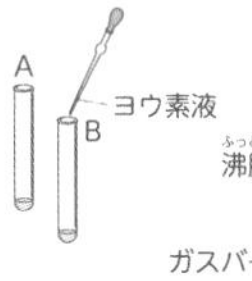

図3　ベネジクト液／沸騰石／ガスバーナー

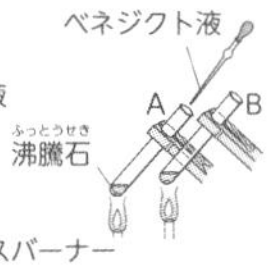

(1) 手順1で，36℃くらいの水につけるのはなぜか。
（　ヒトの体温に近い温度にするため。　）

(2) 手順2で，青紫色の変化が見られたのは，A，Bのどちらの試験管か。　（　A　）

(3) 手順3で，赤褐色の沈殿が見られたのは，A，Bのどちらの試験管か。　（　B　）

(4) デンプンがだ液によって麦芽糖（ブドウ糖が2つつながったもの）などに変化したことがわかるのは，手順2，3のどちらか。　（　手順3　）

2 タマネギの根の先端部を切りとり，うすい塩酸で処理した後，染色液をたらすなどの操作をして，プレパラートをつくった。右の図は，そのプレパラートを顕微鏡で観察したときのスケッチである。これについて，次の問いに答えなさい。

5点×4 (20点)

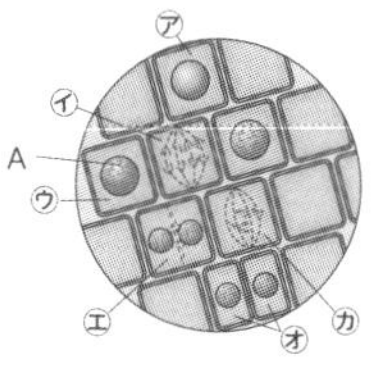

(1) ㋐～㋕の細胞を，㋐を始まりとして㋔が最後になるように，細胞分裂の順に並べなさい。
（　㋐→　㋒　→　㋕　→　㋑　→　㋓　→㋔　）

(2) ㋒の細胞の中に見られるひも状のAを何というか。
（　染色体　）

(3) (2)の数が，㋐の細胞では16本とすると，㋔のそれぞれの細胞では何本か。次の**ア**～**エ**から選びなさい。（　ウ　）
ア 4本　**イ** 8本　**ウ** 16本　**エ** 32本

(4) この実験の細胞分裂のように，体が成長するための細胞分裂を何というか。
（　体細胞分裂　）

実力アップ！

体細胞分裂と減数分裂を区別しよう！

● **体細胞分裂**…生物の体をつくる体細胞で行われる細胞分裂。染色体の数は，もとの細胞と同じになる。

● **減数分裂**……生殖細胞がつくられるときに行われる細胞分裂。染色体の数は，もとの細胞の半分になる。

2 ①形質 ②体細胞分裂 ③生殖 ④無性生殖 ⑤有性生殖 ⑥生殖細胞 ⑦減数分裂 ⑧遺伝
　　⑨対立形質 ⑩顕性形質 ⑪潜性形質 ⑫DNA ⑬進化 ⑭相同器官 ⑮食物連鎖 ⑯生産者 ⑰消費者
3 ①地球温暖化 ②外来種 ③再生可能エネルギー ④持続可能な社会

---

3 右の図のように，①丸い種子をつくる純系のエンドウと②しわのある種子をつくる純系のエンドウをかけ合わせてできた子の種子はすべて丸い種子だった。エンドウの種子を丸くする遺伝子をA，しわにする遺伝子をaとして，次の問いに答えなさい。

5点×6（30点）

(1) 下線部①，②の遺伝子の組み合わせをA，aを用いて表しなさい。①（　AA　）②（　aa　）

(2) 子の種子がすべて丸い種子であったことから，丸の形質はしわの形質に対して何というか。
（　顕性形質　）

(3) 子の代の遺伝子の組み合わせをA，aを用いて表しなさい。（　Aa　）

(4) 子の種子を育て，自家受粉させて孫の種子をつくったところ，丸い種子としわのある種子が現れた。その数の割合はおよそどうなるか。最も簡単な整数比で表しなさい。
丸：しわ＝（　3：1　）

(5) (4)で得られた孫の代の種子が6000個とすると，そのうち丸い種子はおよそ何個と考えられるか。（　4500個　）

受粉 →

丸い種子をつくる純系のエンドウ　しわのある種子をつくる純系のエンドウ　親

すべて丸い種子　子

4 右の図は，自然界での物質の循環を表したものである。これについて，次の問いに答えなさい。

5点×6（30点）

(1) 図の気体Xは何か。（　二酸化炭素　）

(2) 図の生物A〜Dのうち，生産者，分解者はどれか。A〜Dで答えなさい。
生産者（　A　）
分解者（　D　）

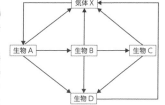

気体X
生物A　生物B　生物C
生物D

(3) 生物の数量関係のつり合いが保たれているとき，生物A，B，Cの数量にはどのような関係があるか。多い順に左からA〜Cで答えなさい。
（　A，B，C　）

(4) (3)の数量関係は，一時的な増減があっても，通常は再びもとにもどる。しかし，人間の活動によって持ちこまれて定着した生物によって数量関係のつり合いがくずされると，もとにもどらないことがある。そのような生物を何というか。（　外来種（外来生物）　）

(5) 近年，図の気体Xの増加が地球の平均気温を上昇させていると考えられている。この，地球の平均気温が上昇する傾向にあることを何というか。（　地球温暖化　）

ポイント

生態系における生物のはたらきをまとめよう！

・**生産者**…無機物から有機物をつくる。植物など。
・**消費者**…生産者がつくり出した有機物をとりこむ。動物など。
・**分解者**…死がいやふんなどにふくまれる有機物を無機物に分解する。消費者にふくまれる。菌類や細菌類，土の中の小動物など。

---

3 (1)種子を丸くする遺伝子がA，しわにする遺伝子がaなので，遺伝子の組み合わせは丸い種子をつくる純系のエンドウはAA，しわのある種子をつくる純系のエンドウはaaである。

(2)子に現れた丸い形質は顕性形質。

(3)遺伝子の組み合わせがAAのエンドウとaaのエンドウをかけ合わせると，子の遺伝子の組み合わせはすべてAaとなる。

(4)遺伝子の組み合わせがAaのエンドウを自家受粉させると，下の図のようになる。AA，Aaは丸い種子，aaはしわのある種子なので，丸：しわ＝3：1となる。

	A	a
A	AA	Aa
a	Aa	aa

(5)孫の代では，丸：しわ＝3：1となるので，丸い種子の数は，

$$6000個 \times \frac{3}{4} = 4500個$$

4 (1)気体Xはすべての生物が放出しているので，二酸化炭素である。

(2)(3)生物Aは光合成により有機物をつくり酸素を放出している。生物B，C，Dは消費者で，生物Dは菌類・細菌類などの分解者である。数量は，生産者が最も多く，消費者の中では生物Cが最も少ない。

(5)大気中の二酸化炭素濃度の上昇が地球温暖化の要因の1つであると考えられ，生態系や人間活動への悪影響が懸念されている。

3 日目 身のまわりの物質

要点 を確認しよう　　**p.14〜15**

① ①炭素　②無機物　③金属　④熱　⑤非金属　⑥質量　⑦体積
② ①酸素　②二酸化炭素　③水　④下方置換法　⑤上方置換法

問題 を解こう　　**p.16〜17**

1 (1)この物体の密度は，

$$\frac{44.8g}{5cm^3}=8.96g/cm^3$$

(2)密度は物質ごとに決まっている。密度が8.96g/cm³の物質は銅である。

(3)鉄の密度は7.87g/cm³なので，体積が5cm³の鉄の質量は，
$7.87g/cm^3×5cm^3=39.35g$

(4) ⚠ 注意 同じ質量で比べると，密度が大きい物質ほど体積が小さい。密度が最も大きいのは金である。

(5)(6)固体の密度が液体の密度より小さいと，固体は液体に浮く。そのため，水銀に浮くのは，水銀より密度が小さい物質である。

2 (1) 📖 参考 水へのとけやすさと密度から判断する。なお，塩素は，水にとけやすく，密度は空気より大きい。窒素は，水にとけにくく，密度は空気よりわずかに小さい。

(2)(3) ⭐ 重要 酸素は，ものを燃やすはたらきがある。石灰水を白くにごらせるのは，二酸化炭素である。

(4)⑦の気体（アンモニア）は，水によくとけ，密度が空気より小さいので，上方置換法で集める。

1 下の表は，いろいろな物質の密度を表している。これについて，あとの問いに答えなさい。

3点×6 (18点)

物質	金	銅	鉄	アルミニウム	水銀
密度〔g/cm³〕	19.30	8.96	7.87	2.70	13.53

(1) 体積が5cm³，質量が44.8gの物体がある。この物体の密度は何g/cm³か。
（ 8.96g/cm³ ）

(2) (1)の物体の物質は何か。表の物質から選んで答えなさい。（ 銅 ）

(3) (1)の物体と同じ体積の鉄でできた物体がある。この物体の質量は何gか。
（ 39.35g ）

(4) 表の物質のうち，同じ質量で比べたとき，体積が最も小さい物質はどれか。
（ 金 ）

(5) 水銀は20℃では液体の金属である。20℃の水銀に金，銅，鉄，アルミニウムを入れたとき，水銀に浮くのはどれか。すべて答えなさい。（ 銅，鉄，アルミニウム ）

(6) (5)のようになるのはなぜか。
（ （銅，鉄，アルミニウムは，）水銀より密度が小さいから。 ）

2 下の表は，酸素，二酸化炭素，水素，アンモニアの性質についてまとめたものである。これについて，あとの問いに答えなさい。

3点×8 (24点)

	水へのとけやすさ	密度〔g/L〕(20℃)
⑦	とけにくい	1.33
⑦	少しとける	1.84
⑦	よくとける	0.72
⑦	とけにくい	0.08

(1) 表の⑦〜⑦の気体は何か。酸素，二酸化炭素，水素，アンモニアから選びなさい。
⑦（ 酸素 ） ⑦（ 二酸化炭素 ） ⑦（ アンモニア ） ⑦（ 水素 ）

(2) ⑦の気体を集めた試験管に火のついた線香を入れると，線香はどうなるか。
（ 激しく燃える。 ）

(3) ⑦の気体を集めた試験管に石灰水を入れて振ると，石灰水はどうなるか。
（ 白くにごる。 ）

(4) ⑦の気体を集める方法として適切なものを，上の図のA〜Cから選び，その集め方の名称も答えなさい。
記号（ C ） 名称（ 上方置換法 ）

ポイント 🔥

気体の性質をまとめよう！

・**酸素**…水にとけにくい。ものを燃やすはたらきがある。
・**二酸化炭素**…水に少しとける。石灰水を白くにごらせる。
・**水素**…最も密度が小さい。空気中で火をつけると爆発的に燃える。
・**アンモニア**…空気より密度が小さく，水によくとける。

3 ①状態変化　②液体　③沸騰　④融点　⑤純粋な物質　⑥混合物　⑦蒸留

4 ①溶質　②溶媒　③水溶液　④溶解度　⑤飽和　⑥飽和水溶液　⑦結晶　⑧質量パーセント濃度

---

3 右の図は，ある固体の物質を加熱したときの温度の変化を表したものである。これについて，次の問いに答えなさい。

4点×7 (28点)

(1) 図のA～Cのとき，この物質はそれぞれどのような状態になっているか。次の**ア**～**オ**から選びなさい。

A（　**ア**　）B（　**エ**　）C（　**イ**　）

ア 固体　**イ** 液体　**ウ** 気体

エ 固体と液体が混ざった状態

オ 液体と気体が混ざった状態

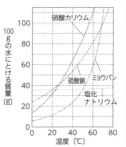

(2) この物質の融点はおよそ何℃か。（　62(63)℃　）

(3) この物質の量を3倍にして同じ実験を行うと，融点はどうなるか。（　変わらない。　）

(4) この物質の量を3倍にして同じ実験を行うと，①グラフの傾きと②平らな部分の長さはそれぞれどうなるか。次の**ア**～**ウ**から選びなさい。①（　**イ**　）②（　**ア**　）

（①グラフの傾き）**ア** 大きくなる。　**イ** 小さくなる。　**ウ** 変わらない。

（②平らな部分の長さ）**ア** 長くなる。　**イ** 短くなる。　**ウ** 変わらない。

4 右のグラフは，硝酸カリウム，硫酸銅，ミョウバン，塩化ナトリウムそれぞれの，100gの水にとける限度の質量と温度の関係を表したものである。これについて，次の問いに答えなさい。

5点×6 (30点)

(1) 下線部の質量を何というか。（　溶解度　）

(2) 物質が(1)の質量までとけている水溶液を何というか。（　飽和水溶液　）

(3) 40℃の水100gにとける質量が最も大きいのは，硝酸カリウム，硫酸銅，ミョウバン，塩化ナトリウムのうちのどれか。（　硝酸カリウム　）

(4) 60℃の水100gに硝酸カリウムを80gとかし，水溶液をつくった。この水溶液の質量パーセント濃度は何%か。小数第1位を四捨五入して答えなさい。（　44%　）

(5) (4)の水溶液を20℃に冷やすと，約何gの硝酸カリウムが結晶として出てくるか。次の**ア**～**エ**から選びなさい。（　**ウ**　）

ア 約16g　**イ** 約30g　**ウ** 約48g　**エ** 約67g

(6) (5)のように，一度水にとかした固体の物質を再び結晶としてとり出すことを何というか。（　再結晶　）

---

3 (1) ☆重要 固体が液体に変化し始め，全体が液体になるまで温度は変わらない。

(2) 固体が液体に変化するときの温度は変わらない。よって，グラフが水平になっているときの温度が融点である。

(3)(4) ⚠注意 物質の量を3倍にしても融点は変わらない。しかし，温度の上がり方がおそくなるので，グラフの傾きが小さくなり，状態変化にかかる時間が長くなる。

4 (1) 📖参考 溶解度は温度によって変化する。図のグラフは，その変化を表した溶解度曲線である。

(2) 溶解度までとけている状態の水溶液を飽和水溶液という。

(3) グラフより，40℃の水100gにとける質量が最も大きいのは，硝酸カリウムである。

(4) 質量パーセント濃度は，

$$\frac{80g}{100g+80g}\times100=44.4\cdots$$

小数第1位を四捨五入して，44%

(5) 硝酸カリウムの20℃での溶解度は，グラフより約32gである。よって，20℃まで冷やしたときに出てくる結晶は，

80g－32g＝48g

(6) 再結晶を利用すると，混合物から純粋な物質を結晶の形でとり出すことができる。

実力アップ！

グラフから，溶解度と再結晶を理解しよう！

●**溶解度**……100gの水にとける量。

●**再結晶**……一度とかした物質を再び結晶としてとり出すこと。

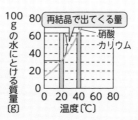

4日目 化学変化と原子・分子

要点 を確認しよう　p.18〜19

① ①化学変化　②分解　③電気分解　④炭酸ナトリウム　⑤酸素　⑥水素
② ①原子　②分子　③元素　④元素記号
③ ①化学式　②単体　③化合物

問題 を解こう　p.20〜21

1 (1) ⚠注意 発生した水が加熱された試験管の底に流れると，試験管が割れてしまう。そのため，試験管の口を少し下に傾けて，試験管の底をガスバーナーで加熱する。

(2)(3) ☆重要 二酸化炭素を石灰水に通すと，石灰水は白くにごる。

(4)(5)発生した液体が水であるかどうかを確かめるときは，塩化コバルト紙を用いる。青色の塩化コバルト紙は，水にふれると赤（桃）色に変化する。

(6)(7)フェノールフタレイン溶液は，酸性〜中性では無色を示し，アルカリ性で赤色を示す指示薬である。また，強いアルカリ性であるほど，濃い赤色になる。炭酸水素ナトリウムと，加熱後の試験管に残った白い物質（炭酸ナトリウム）それぞれの水溶液を比べると，炭酸ナトリウムの水溶液のほうが，炭酸水素ナトリウムの水溶液よりも強いアルカリ性を示す。

2 (1)(2) 📖参考 銅と硫黄が結びついてできた硫化銅は，金属の銅のような弾力がなく，力を加えるとくずれる。

(3)〜(5)硫化銅は，銅原子と硫黄原子が1：1の数の割合で結びついてできる化合物である。

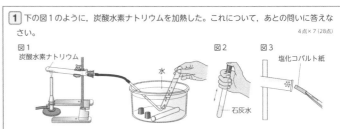

1 下の図1のように，炭酸水素ナトリウムを加熱した。これについて，あとの問いに答えなさい。
4点×7（28点）

図1 炭酸水素ナトリウム　　水　　図2　　図3 塩化コバルト紙　　石灰水

(1) 図1で，加熱する試験管の口を底よりもわずかに下げているのはなぜか。
（　発生した水が試験管の加熱部分に流れることを防ぐため。　）

(2) 図1で，発生した気体を集めた試験管に石灰水を入れ，図2のように振ると，石灰水はどうなるか。
（　白くにごる。　）

(3) (2)より，発生した気体は何か。（　二酸化炭素　）

(4) 図1で，加熱した試験管の内側には液体がついていた。この液体に図3のように青色の塩化コバルト紙をつけると，塩化コバルト紙はどうなるか。（　赤(桃)色になる。　）

(5) (4)より，加熱した試験管の内側についた液体は何か。（　水　）

(6) 図1の加熱後の試験管には白い固体が残った。この固体と炭酸水素ナトリウムをそれぞれ水にとかし，フェノールフタレイン溶液を加えたとき，より濃い赤色を示したのはどちらの物質か。次のア，イから選びなさい。（　ア　）
ア 加熱後の試験管に残った白い固体　　**イ** 炭酸水素ナトリウム

(7) 加熱後の試験管に残った固体は何か。物質名を答えなさい。（　炭酸ナトリウム　）

2 試験管に硫黄を入れて加熱して硫黄の蒸気が発生したところに銅板を入れると，銅板は激しく反応し，銅板の色が変化した。これについて，次の問いに答えなさい。
4点×6（24点）

(1) 反応後の銅板に力を加えるとどうなるか。次のア，イから選びなさい。（　イ　）
ア 弾力があり，曲がる。　　**イ** 弾力はなく，くずれる。

(2) 下線部で，銅は，何という物質に変化したか。物質名と化学式を書きなさい。
物質名（　硫化銅　）　化学式（　CuS　）

(3) (2)の物質は，単体か化合物か。（　化合物　）

(4) (2)の物質は，銅原子と硫黄原子が何対何の数で結びついたものか。最も簡単な整数の比で答えなさい。
銅原子：硫黄原子＝（　1：1　）

(5) 銅と硫黄の反応を，化学反応式で表しなさい。（　$Cu + S \longrightarrow CuS$　）

実力アップ！

化学式から，単体と化合物を区別しよう！

●**単体**………1種類の元素記号で化学式が表されている。
　　　　例：H_2（水素），O_2（酸素）
●**化合物**……2種類以上の元素記号で化学式が表されている。
　　　　例：H_2O（水），CO_2（二酸化炭素）

④ ①化学反応式　②水　③2H₂　④硫化鉄　⑤Fe＋S　⑥酸化　⑦酸化物　⑧還元
⑤ ①発熱反応　②吸熱反応
⑥ ①質量保存の法則　②4：1　②3：2

---

③ 次のような手順で実験を行った。あとの問いに答えなさい。

4点×7 (28点)

手順1 右の図のように，酸化銅の粉末と炭素粉末との混合物を試験管に入れて加熱した。

手順2 発生した気体を石灰水に通したところ，石灰水が白くにごった。

手順3 加熱後の物質を試験管からとり出し，金属製の薬品さじで強くこすると赤い輝きが出た。

(1) 酸化銅の色は何色か。（　黒色　）

(2) 手順2で，発生した気体の名称を答えなさい。（　二酸化炭素　）

(3) 手順3で，加熱後の物質の色と，その物質の名称を答えなさい。
色（　赤色　）名称（　銅　）

(4) この実験で，酸化銅から奪われた物質は何か。（　酸素　）

(5) 酸化銅のような酸化物から(4)の物質が奪われる化学変化を何というか。
（　還元　）

(6) この実験で起きた化学変化を，化学反応式で表しなさい。
（　2CuO＋C──→2Cu＋CO₂　）

④ いろいろな質量の銅の粉末を空気中でじゅうぶんに加熱して，酸素と反応させ，できた酸化物の質量をはかった。下の表は，その結果をまとめたものである。これについて，あとの問いに答えなさい。

4点×5 (20点)

銅の質量 〔g〕	0.20	0.40	0.60	0.80	1.00
酸化物の質量 〔g〕	0.25	0.50	0.75	1.00	1.25

(1) この実験でできる酸化物は何か。（　酸化銅　）

(2) 表をもとに，銅の質量と結びついた酸素の質量との関係を表すグラフを右の図にかきなさい。

(3) 銅と酸素が結びつくときの質量の比を，最も簡単な整数の比で表しなさい。　銅：酸素＝（　4：1　）

(4) 銅の粉末1.20gをじゅうぶんに加熱したとき，結びつく酸素の質量は何gか。
（　0.30g　）

(5) (1)を2.00g得るためには，銅の粉末何gが必要か。
（　1.60g　）

ポイント

化学変化での酸素のはたらきをまとめよう！

・水素と結びつく→水ができる。
・金属と結びつく→例：銅と結びつくと酸化銅ができる。
・物質が酸素と結びつく化学変化を**酸化**，酸化物から酸素がうばわれる化学変化を**還元**という。

---

③ (1)～(3)酸化銅の粉末と炭素の粉末を混ぜ合わせて加熱すると，銅と二酸化炭素が生じる。

(4)(5)酸化銅は，炭素によって酸素を奪われて（還元されて）銅になり，炭素は，奪った酸素と結びついて（酸化されて）二酸化炭素になる。炭素は，銅よりも酸素と結びつきやすいという性質をもつため，この化学変化が起こる。

(6)この化学変化では，酸化と還元は同時に起こっている。

$$\underset{\text{還元}}{\overset{\text{酸化}}{2CuO + C \longrightarrow 2Cu + CO_2}}$$

④ (1)銅と酸素が結びついて酸化銅ができる。

(2)表のそれぞれの酸化物の質量から銅の質量を引くと，銅と結びついた酸素の質量が求められる。それらの数値を示す座標と原点を通る直線を引く。

(3)(4)グラフより，銅：酸素＝4：1の質量の比で結びつくことがわかる。このことから，1.20gの銅と結びつく酸素の質量をxgとすると，
銅：酸素＝4：1＝1.20g：xg
x＝0.30

(5)2.00gの酸化銅をつくるために必要な銅は，$2.00g×\dfrac{4}{5}=1.60g$

5 日目 化学変化とイオン

要点 を確認しよう p.22〜23

① ①電解質 ②非電解質 ③銅 ④イオン ⑤陽イオン ⑥陰イオン ⑦電離 ⑧ナトリウムイオン
② ①原子核 ②陽子 ③中性子 ④同位体 ⑤マグネシウム＞亜鉛＞銅

問題 を解こう p.24〜25

1
(1)塩化銅は水にとけると，銅イオンCu²⁺と塩化物イオンCl⁻に電離する。
(2)⚠注意 電源装置の＋極につながれているほうが陽極，－極につながれているほうが陰極となる。
(3)(4)陰極には銅が付着し，陽極からは塩素が発生する。
(5)塩化銅水溶液に電圧を加えると，塩化銅が銅と塩素に電気分解される。
(6)塩酸は気体の塩化水素が水にとけたものである。塩化水素が水にとけると，水素イオンH⁺と塩化物イオンCl⁻に電離する。陽イオンであるH⁺が陰極に引かれて水素となり，陰イオンであるCl⁻が陽極に引かれて塩素になる。

2
(1)(2)マグネシウム板をマグネシウムイオンをふくむ水溶液に入れても変化が起こらない。亜鉛板を銅イオンをふくむ水溶液に入れると，亜鉛原子がイオンになり，亜鉛板の表面に銅原子が付着する。マグネシウム板を亜鉛イオンをふくむ水溶液に入れると，マグネシウム原子がイオンになり，マグネシウム板の表面に亜鉛原子が付着する。
(3)★重要 銅よりも亜鉛が，亜鉛よりもマグネシウムがイオンになりやすい。
(4)📖参考 銀よりも銅のほうがイオンになりやすい。

---

1 右の図のような装置で，塩化銅水溶液に電圧を加えたところ，電流が流れ，電極Xに赤い物質が付着し，電極Yからは気体が発生した。これについて，次の問いに答えなさい。
4点×7 (28点)

(1) 塩化銅（CuCl₂）が水溶液中で電離しているようすを，化学式を用いて表しなさい。
($CuCl_2 \longrightarrow Cu^{2+} + 2Cl^-$)
(2) 図で，陽極はX，Yのどちらか。（ Y ）
(3) 赤い物質を薬品さじでこすると金属光沢が見られた。この物質は何か。（ 銅 ）
(4) 気体が発生していた電極Y付近の水溶液をとり，それを赤インクで色をつけた水に加えたところ，インクの色が消えた。この気体は何か。（ 塩素 ）
(5) 塩化銅水溶液中の塩化銅に起こった化学変化を化学反応式で表しなさい。
($CuCl_2 \longrightarrow Cu + Cl_2$)
(6) 塩化銅水溶液をうすい塩酸にかえて，同じように電圧を加えたとき，陽極と陰極には，それぞれ何という物質が発生するか。
陽極（ 塩素 ）陰極（ 水素 ）

2 マグネシウム板，亜鉛板，銅板をそれぞれ硫酸マグネシウム水溶液，硫酸亜鉛水溶液，硫酸銅水溶液に入れ，観察したところ，表のような結果となった。これについて，次の問いに答えなさい。
4点×6 (24点)

	マグネシウム板	亜鉛板	銅板
硫酸マグネシウム水溶液	⑦	変化なし	変化なし
硫酸亜鉛水溶液	黒い物質が付着	変化なし	変化なし
硫酸銅水溶液	赤い物質が付着	④	変化なし

(1) 表の⑦，④にあてはまる言葉を，次のア〜ウから選びなさい。
⑦（ ア ）④（ イ ）
ア 変化なし
イ 赤い物質が付着
ウ 黒い物質が付着
(2) 表の下線部の黒い物質，赤い物質はそれぞれ何か。　黒い物質（ 亜鉛 ）赤い物質（ 銅 ）
(3) マグネシウム，亜鉛，銅をイオンになりやすい順に左から並べなさい。
（ マグネシウム，亜鉛，銅 ）
(4) 硝酸銀水溶液に銅板を入れると，銅板に銀が付着した。銀と銅ではどちらのほうがイオンになりやすいか。（ 銅 ）

実力アップ！

イオンのでき方から，陽イオンと陰イオンを区別しよう！

●**陽イオン**…電子を放出し，＋の電気を帯びたイオン。
例：Na⁺（ナトリウムイオン），Cu²⁺（銅イオン）
●**陰イオン**…電子を受けとり，－の電気を帯びたイオン。
例：Cl⁻（塩化物イオン），OH⁻（水酸化物イオン）

3 ①電池（化学電池）　②Zn^{2+}　③銅　④$Zn+Cu^{2+}$　⑤燃料電池

4 ①酸　②H^+　③アルカリ　④OH^-　⑤pH　⑥中和　⑦塩　⑧NaCl

---

3 右の図のような装置で，セロハンで仕切られた一方に硫酸亜鉛水溶液と亜鉛板を，もう一方に硫酸銅水溶液と銅板を入れ，導線で電子オルゴールとつないだところ，電子オルゴールが鳴った。これについて，次の問いに答えなさい。

4点×6（24点）

(1) 電子オルゴールが鳴っているとき，亜鉛板，銅板で起こる化学変化をそれぞれ化学反応式で表しなさい。ただし，電子1個はe^-で表すものとする。

亜鉛板（　$Zn \longrightarrow Zn^{2+}+2e^-$　）

銅板（　$Cu^{2+}+2e^- \longrightarrow Cu$　）

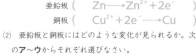

亜鉛板　銅板

硫酸亜鉛水溶液　硫酸銅水溶液

セロハン

電子オルゴール

(2) 亜鉛板と銅板にはどのような変化が見られるか。次のア〜ウからそれぞれ選びなさい。

亜鉛板（　イ　）　銅板（　ア　）

ア　赤い物質が付着する。　イ　表面が凸凹して黒くなる。　ウ　変化が見られない。

(3) この実験で，＋極は，亜鉛板と銅板のどちらか。（　銅板　）

(4) この実験のように，物質がもっている化学エネルギーを電気エネルギーに変換してとり出す装置を何というか。（　電池（化学電池）　）

4 次のような手順で，塩酸と水酸化ナトリウム水溶液を混ぜる実験を行った。これについて，あとの問いに答えなさい。

4点×6（24点）

> **手順1**　図のように，塩酸10mLに緑色のBTB溶液を数滴加えた。
> **手順2**　手順1の水溶液が青色になるまで水酸化ナトリウム水溶液を2mLずつ加えた後，塩酸を1滴ずつ，水溶液の色が緑色になるまで加えた。
> **手順3**　手順2の水溶液を蒸発皿に数滴とって水を蒸発させると，白い結晶が現れた。

緑色のBTB溶液

（うすい）塩酸

ろ紙

(1) 手順1では，水溶液の色は何色になるか。（　黄色　）

(2) 手順2で緑色になった水溶液の性質は何性か。（　中性　）

(3) 手順2のときに起こる化学変化を化学反応式で表しなさい。

（　$HCl+NaOH \longrightarrow NaCl+H_2O$　）

(4) (3)のような化学変化を何というか。（　中和　）

(5) 手順3で現れた白い結晶の物質名を答えなさい。（　塩化ナトリウム　）

(6) 酸とアルカリを混ぜたときにできる(5)のような物質を何というか。（　塩　）

ポイント

塩酸と水酸化ナトリウム水溶液の中和を化学反応式で表そう！

① （塩酸中の）塩化水素の電離　$HCl \rightarrow \underline{H^+} + \underline{Cl^-}$

②水酸化ナトリウムの電離　$NaOH \rightarrow \underline{Na^+} + \underline{OH^-}$

①と②の式を合わせて，化学反応式で表す。

$$HCl + NaOH \rightarrow \underline{NaCl} + \underline{H_2O}$$

---

3 (1)(2)亜鉛は銅よりもイオンになりやすいため，亜鉛原子は電子を放出して亜鉛イオンになる。そのため，亜鉛板は，表面が凸凹して黒ずんでくる。硫酸銅水溶液中の銅イオンは電子を受けとり，銅原子になって銅板に付着するため，銅板には赤い物質(銅)が付着する。

(3) ⚠**注意**　亜鉛板から出た電子は，導線を通って銅板へ移動する。電流の向きは，電子の向きとは逆なので，亜鉛板が－極になり，銅板が＋極になる。

(4)電池（化学電池）は，物質がもつ化学エネルギーを電気エネルギーに変換している。

4 (1)(2)BTB溶液を加えた塩酸に水酸化ナトリウム水溶液を少しずつ加えていくと，黄色（酸性）→緑色（中性）→青色（アルカリ性）と色が変化していく。

(3)塩酸と水酸化ナトリウム水溶液を混ぜ合わせると，塩化ナトリウムと水ができる。

(4)☆**重要**　酸性の水溶液とアルカリ性の水溶液を混ぜ合わせたときに起こる，たがいの性質を打ち消し合う化学変化を中和という。

(5)(6)酸の陰イオンとアルカリの陽イオンが結びついてできる物質を塩という。この実験でできる塩は，塩化ナトリウムである。

要点 を確認しよう　p.26～27

① ①光の直進　②光の反射　③反射の法則　④乱反射　⑤光の屈折　⑥全反射　⑦焦点　⑧実像
⑨虚像

問題 を解こう　p.28～29

1 (1)**⚠注意** 鏡の面に垂直な線と入射光との間の角を入射角，反射光との間の角を反射角という。

(2)(3)**☆重要** 光が反射するとき，反射角と入射角が等しくなる。このことを反射の法則という。

(4)鏡に映った物体を像といい，物体と像は，鏡に対して対称の位置にある。鏡の面に対して線対称の位置に・を打ち，点Pと直線で結ぶ。その直線と鏡との交点が，物体からの光が反射する点となる。

2 (1)(2)凸レンズを通った光は，スクリーンに集まって像ができる。このように，実際に光が集まってできる像を実像といい，上下左右が逆向きになる。⑦は逆向きになっていない。①は左右のみ逆向きで，①は上下のみ逆向きである。

(3)物体を凸レンズに近づけていくと像ができる位置は凸レンズから遠ざかり，できる像の大きさは大きくなる。

(4)物体を焦点距離の2倍の位置に置くと，焦点距離の2倍の位置に像ができ，像の大きさは物体と同じになる。この凸レンズは焦点距離が15cmなので，距離Xと距離Yはそれぞれ30cmとなる。

---

1 下の図1のように，紙に垂直に立てた鏡に光を当て，光の道すじを記録した。図2は，その結果を示したものである。これについて，あとの問いに答えなさい。
5点×5(25点)

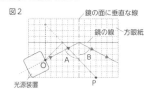

(1) 図2の角A，角Bを何というか。　角A（　**入射角**　）角B（　**反射角**　）

(2) 図2の角A，角Bの大きさには，どのような関係があるか。＞，＜，＝を使って答えなさい。
（　**角A＝角B**　）

(3) (2)のような関係を表す法則を何というか。　（　**反射の法則**　）

(4) 光源装置のあった位置Oに物体を置くと，鏡に映った物体の像が点Pから見えた。物体から出た光が点Pまで届く道すじを図2にかき入れなさい。

2 焦点距離15cmの凸レンズを使って，次の実験を行った。これについて，あとの問いに答えなさい。
5点×6(30点)

実験 右の図のような装置で凸レンズを固定し，物体とスクリーンの位置をいろいろ変えて，スクリーンにはっきりと像が映るときの凸レンズと物体の距離X，凸レンズとスクリーンの距離Yを測定した。

(1) このときスクリーンにできる像を何というか。　（　**実像**　）

(2) スクリーンにできる像を，光源を置いた側から観察すると，どのように見えるか。次の⑦～①から選びなさい。　（　**ウ**　）

⑦	①	⑦	①

(3) 距離Xを小さくしていくと，距離Yの長さとスクリーンに映る像の大きさは，それぞれどうなるか。　距離Y（　**長くなる。**　）像の大きさ（　**大きくなる。**　）

(4) スクリーンに映る像の大きさが物体と同じ大きさになるとき，距離Xと距離Yは，それぞれ何cmか。　距離X（　**30cm**　）距離Y（　**30cm**　）

実力アップ！

実像と虚像を区別しよう！

●**実像**……光が集まってできる。物体と上下左右が逆向き。
　　　　　例：カメラのフィルムの像，スクリーンの像

●**虚像**……光が集まらずにできる。物体と上下左右が同じ向きで，物体よりも大きい。
　　　　　例：鏡に映る像，ルーペの像

2 ①音源　②340　③振幅　④振動数　⑤Hz
3 ①作用点　②フックの法則　③重力　④ニュートン　⑤質量　⑥力のつり合い　⑦垂直抗力

---

3 下の図は，いろいろな音をオシロスコープで調べたときの音の波形である。横軸は時間，縦軸は振動の振れ幅を表し，1目盛りの値はすべて同じものとする。これについて，あとの問いに答えなさい。

5点×4（20点）

A 　B 　C 　D 　E

(1) 大きさが同じで，高さがちがう音はどれとどれか。A〜Eから選びなさい。
（　　BとE　　）

(2) 高さが同じで，大きさがちがう音はどれとどれか。A〜Eから選びなさい。
（　　AとD　　）

(3) 最も大きい音はどれか。A〜Eから選びなさい。
（　　A　　）

(4) 最も高い音はどれか。A〜Eから選びなさい。
（　　E　　）

4 あるばねに質量20gのおもりを1個ずつふやしてつるしていき，おもりの質量とばねののびの関係を調べたところ，下の表のようになった。100gの物体にはたらく重力の大きさを1Nとして，あとの問いに答えなさい。

5点×5（25点）

おもりの質量〔g〕	0	20	40	60	80	100
力の大きさ〔N〕	0	0.2	0.4	0.6	0.8	1.0
ばねののび〔cm〕	0	1.0	2.0	3.0	4.0	5.0

(1) 力の大きさとばねののびの関係を，右の図にグラフで表しなさい。

(2) (1)で表したグラフから，力の大きさとばねののびには，どのような関係があることがわかるか。
（　比例（の関係）　）

(3) (2)の関係を何というか。
（　フックの法則　）

(4) 手で3Nの力を加えてばねを引きのばすと，ばねののびは何cmになるか。
（　　15cm　　）

(5) ばねののびを8cmにするには，ばねにつるすおもりの質量を何gにすればよいか。
（　　160g　　）

---

3 (1)振幅が同じで，振動数が異なる音を選ぶ。

(2)振動数が同じで，振幅が異なる音を選ぶ。

(3)最も大きい音は，振幅が最も大きい。

(4)最も高い音は，振動数（波の山の数）が最も多い。

4 (1) ⚠注意 グラフをかくときは，座標を●などの点でかき，点のなるべく近くを通る，直線あるいはなめらかな曲線を引く。この場合は，直線のグラフになる。

(2)(3)原点を通る直線のグラフは，比例の関係を表す。グラフからわかるように，ばねののびはばねに加えた力の大きさに比例する。このような関係をフックの法則という。

(4)力の大きさが1.0Nのときのばねののびが5.0cmなので，力の大きさが3.0Nのときのばねののびは，

$$5.0\text{cm} \times \frac{3.0\text{N}}{1.0\text{N}} = 15\text{cm}$$

(5)ばねののびが4.0cmのときのおもりの質量が80gなので，ばねののびを8.0cmにするには，

$$80\text{g} \times \frac{8.0\text{cm}}{4.0\text{cm}} = 160\text{g}$$

ポイント

力の大きさとばねののびの関係をまとめよう！

・ばねに加える力が大きくなる。→ばねののびも大きくなる。

・力の大きさとばねののびのグラフは，原点を通る直線になる。
　→力の大きさとばねののびは比例の関係にある。
　　（フックの法則）

7日目 電流とその利用

要点 を確認しよう　p.30〜31

1 ①直列回路　②並列回路　③電流　④電圧　⑤抵抗　⑥オームの法則　⑦RI　⑧I_a+I_b　⑨V_a+V_b
⑩R_a+R_b　⑪導体　⑫絶縁体

問題 を解こう　p.32〜33

1 (1)(2)原点を通る直線のグラフは比
例の関係を表し，電圧と電流の比
例の関係をオームの法則という。

(3)グラフより，3.0Vの電圧を加え
たとき，電熱線Aには0.2A，電
熱線Bには0.1Aの電流が流れる。

(4)電熱線Aは，$\dfrac{3.0V}{0.2A}=15Ω$

電熱線Bは，$\dfrac{3.0V}{0.1A}=30Ω$

(5)電熱線Aの抵抗は15Ωなので，
$\dfrac{9.0V}{15Ω}=0.6A$

(6)電熱線Bの抵抗は30Ωなので，
30Ω×0.6A＝18V

2 (1)電流の道すじが，図1は1本
で，図2は途中で分かれている。

(2)図1の回路は直列回路なので，
4Ω＋6Ω＝10Ω

(3)直列回路では，電流の大きさはど
こも等しくなる。

(4)10Ωの抵抗器と15Ωの抵抗器の
並列つなぎなので，
$\dfrac{1}{R}=\dfrac{1}{10}+\dfrac{1}{15}=\dfrac{5}{30}=\dfrac{1}{6}$　$R=6Ω$

(5)並列回路では，各部分に加わる電
圧は，電源と同じ大きさになる。

(6)点Dを流れる電流は，
$\dfrac{3.0V}{6Ω}=0.5A$

点Eを流れる電流は，$\dfrac{3.0V}{10Ω}=0.3A$

---

1 2種類の電熱線A, Bを用いて，電流と電圧の関係を調べる実験を行った。右の図は，その結果を表したグラフである。これについて，次の問いに答えなさい。　4点×7(28点)

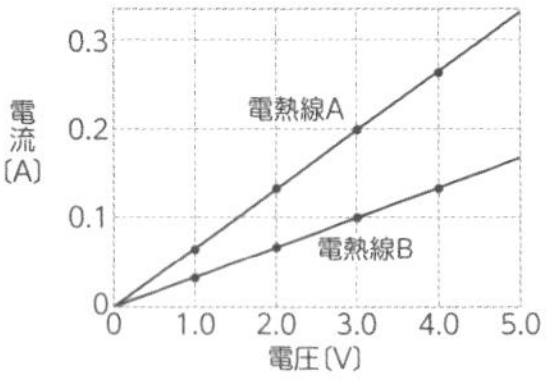

(1) グラフから，電流と電圧にはどのような関係があるといえるか。　(比例(の関係))

(2) 電流と電圧の(1)のような関係を何の法則というか。　(オームの法則)

(3) 同じ大きさの電圧を加えたとき，流れる電流が大きいのは，電熱線Aと電熱線Bのどちらか。　(電熱線A)

(4) 電熱線Aと電熱線Bの抵抗はそれぞれ何Ωか。
電熱線A (15Ω)　電熱線B (30Ω)

(5) 電熱線Aに9.0Vの電圧を加えると，電熱線Aに流れる電流は何Aか。　(0.6A)

(6) 電熱線Bに0.6Aの電流が流れているとき，電熱線Bに加わる電圧は何Vか。　(18V)

2 下の図のように，いくつかの抵抗器をつないで，図1，図2の回路をつくった。どちらの回路も電源の電圧は3.0Vであるとして，あとの問いに答えなさい。　4点×9(36点)

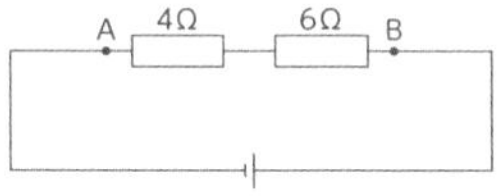

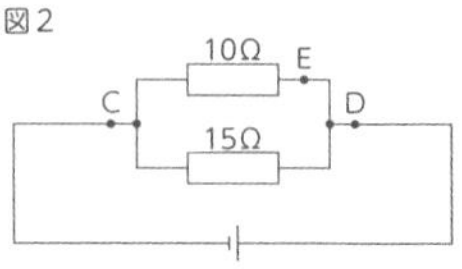

(1) 図1，図2の回路をそれぞれ何というか。
図1 (直列回路)　図2 (並列回路)

(2) 図1の回路のAB間の抵抗の大きさは何Ωか。　(10Ω)

(3) 図1の回路の点A，Bを流れる電流の大きさは，それぞれ何Aか。
A (0.3A)　B (0.3A)

(4) 図2の回路のCD間の抵抗の大きさは何Ωか。　(6Ω)

(5) 図2の回路のCD間の電圧の大きさは何Vか。　(3.0V)

(6) 図2の回路の点D，Eを流れる電流の大きさは，それぞれ何Aか。
D (0.5A)　E (0.3A)

ポイント

直列回路と並列回路をまとめよう！

・直列回路の電流は，どこでも同じ。
・並列回路の電流は，各部分の電流の和＝合流した後の電流
・直列回路の電圧は，各部分の電圧の和＝電源の電圧
・並列回路の電圧は，どこでも同じ。電源の電圧に等しい。

② ①電力　②熱量　③電力量
③ ①磁界　②磁力線　③磁界の向き　④電磁誘導　⑤誘導電流　⑥直流　⑦交流
④ ①静電気　②放電　③電子　④電子線　⑤放射線　⑥放射性物質

---

③ 右の図のような装置で導線に電流を流したところ，導線のA点が⑦の向きに動いた。これについて，次の問いに答えなさい。

4点×5 (20点)

(1) 磁石の磁界の向きは，図の⑦，⑦のどちらか。
（　ウ　）

(2) 次の①，②のようにするとき，導線のA点の動く向きは，それぞれ図の⑦，エのどちらか。
① （　エ　）② （　エ　）

① 電流の流れる向きを逆にする。

② 磁石のS極を上に，N極を下にする。

(3) 導線に流れる電流を大きくすると，導線のA点の動きはどうなるか。
（　大きくなる。　）

(4) 電流が磁界の中で受ける力を利用しているものを，次のア〜エから選びなさい。
（　ウ　）

ア　乾電池　イ　電球　ウ　モーター　エ　電磁石

---

④ 誘導コイルにつないだクルックス管（真空放電管）を用いて，次のような実験を行った。これについて，あとの問いに答えなさい。

4点×4 (16点)

実験1　図1のように，クルックス管の電極AとBの間に大きな電圧を加えると，クルックス管の蛍光板に光るすじが見えた。

実験2　図2のように，クルックス管のCとDの電極を別の電源につなぎ，電圧を加えると，光るすじは電極Cのほうへ曲がった。

(1) 実験1，2で見られた光るすじを何というか。
（　電子線（陰極線）　）

(2) (1)のすじは，何という粒子の流れか。
（　電子　）

(3) 実験2の結果から，(2)の粒子は＋と−のどちらの電気をもっていることがわかるか。
（　−（の電気）　）

(4) (2)の粒子が移動する向きと電流の向きは，どのような関係になっているか。
（　逆（反対）向きになっている。　）

なるほど！理科

発電機とモーターを区別しよう！

●**発電機**……コイルの中で磁石を回転させて，電流（誘導電流）を発生させている。電磁誘導を利用。

●**モーター**…磁界の中のコイルに電流を流して，コイルを回転させている。

---

③ (1)磁界は，N極からS極へ向かう。

(2)電流の向きと磁界の向きのどちらか一方を逆にすると，導線（電流）が受ける力の向きは逆になる。

(3)電流を大きくすると，導線が受ける力は大きくなる。

(4)モーターは，コイルを流れる電流が磁石の磁界から力を受けることによって回転している。乾電池は，電源として利用されている。電球は，電流を流すことによって点灯する。電磁石は，電流を流すことによって磁石になる。

④ (1)📖参考 電極に大きな電圧を加えると，−極から出る光るすじが見られる。この光るすじを電子線または陰極線という。−極（陰極）から出ているため陰極線と名づけられたが，現在では電子線とよばれることが多い。

(2)(3)電子線は，−の電気をもった電子の流れである。そのため，上下の電極に電圧を加えると，＋極のほうへ引き寄せられて曲がる。

(4)⭐重要 電子は−極から出て＋極へ移動するが，電流は電源の＋極から出て−極へ流れると決められている。電子の移動の向きと電流の向きは逆になる。

8日目 運動とエネルギー

要点 を確認しよう　　p.34〜35

① ①力の合成　②合力　③力の分解　④分力　⑤水圧　⑥浮力

② ①平均の速さ　②瞬間の速さ　③等速直線運動　④自由落下運動　⑤慣性　⑥慣性の法則
　　⑦作用・反作用

問題 を解こう　　p.36〜37

1 (1)ばねばかりにつるした物体がばねを引く力は，この物体にはたらく重力に等しい。

(2) **⚠注意** 物体にはたらく重力の大きさは，空気中でも水中でも変わらない。

(3)水中の物体には上向きの力がはたらく。この力を浮力という。

(4) **☆重要** 浮力〔N〕＝重力の大きさ〔N〕－水中に入れたときのばねばかりの値〔N〕より，
0.8N－0.6N＝0.2N

(5)物体全体が水中に入っているときは，深さが異なっても浮力の大きさは同じである。よって，ばねばかりの目盛りは変わらない。

2 (1)1秒間に50打点するので，5打点では0.1秒間である。

(2)⑦のテープの長さは2.4cmなので，2.4cm÷0.1s＝24cm/s

(3)図2のグラフでは，5打点ごとのテープの長さが長くなり，右上がりの直線になっている。

(4)斜面の角度を大きくすると，台車にはたらく重力の斜面に平行な分力が大きくなり，台車の運動の向きにはたらく力が大きくなる。そのため，速さのふえ方が大きくなる。

(5) **📖参考** 斜面の角度が90°になると，物体が垂直に落下するのは，重力だけがはたらくからである。

---

1 図1のように，物体をばねばかりにつるすと，ばねばかりの目盛りは0.8Nを示した。この物体を，図2のように水中へ沈めたところ，ばねばかりの目盛りは0.6Nを示した。これについて，次の問いに答えなさい。　　　　　5点×5 (25点)

(1) 図1で，物体にはたらく重力の大きさは何Nか。
（　　0.8N　　）

(2) 図2で，物体にはたらく重力の大きさは，図1と比べてどうなるか。　　　　　　　　（　変わらない。　）

(3) 図2のばねばかりの目盛りが，図1のばねばかりの目盛りより小さいのは，図2の物体に何という力がはたらいているからか。　　　　　　　　　　（　　浮力　　）

(4) 図2の物体にはたらいている，(3)の力は何Nか。
（　　0.2N　　）

(5) 図2の物体をさらに深く沈めると，図2のときと比べて，ばねばかりの目盛りはどうなるか。ただし，物体は容器の底には届いていないものとする。　　　　　　（　変わらない。　）

図1　図2

2 図1のように，テープを台車につけて，記録タイマーで，斜面を下る台車の運動を調べた。図2は，記録されたテープを5打点ごとに台紙に貼りつけ，各テープの5打点目を直線で結び，グラフに表したものである。これについて，次の問いに答えなさい。ただし，記録タイマーは1秒間に50回打点するものとする。　　　　　5点×5 (25点)

(1) 5打点ごとに切ったテープの長さは，何秒間の移動距離を表しているか。（　0.1秒間　）

(2) 図2の⑦のテープを記録している間の平均の速さは何cm/sか。　　　　　（　24cm/s　）

(3) 図2のグラフから，台車が斜面を下るにつれて速さはどのようになるといえるか。
（　速くなる。　）

(4) 斜面の角度を図1のときより大きくすると，台車の速さのふえ方はどのようになるか。
（　大きくなる。　）

(5) 斜面の角度を90°にすると台車は垂直に落下する。この運動を何というか。
（　自由落下(運動)　）

記録タイマー／木片／斜面の角度

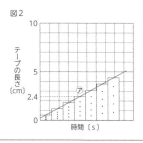

図2　テープの長さ〔cm〕　時間〔s〕

実力アップ！

斜面を下る運動と自由落下運動を区別しよう！

●斜面を下る運動

斜面の角度を大きくすると，台車にはたらく重力の斜面に平行な分力が大きくなる。

斜面に平行な分力A／30°／重力W

●自由落下運動

重力だけがはたらき，垂直に落下する。

斜面に平行な分力A＝重力W／90°

③ ①仕事　②仕事の原理　③仕事率

④ ①エネルギー　②位置エネルギー　③運動エネルギー　④力学的エネルギー
　⑤力学的エネルギーの保存　⑥エネルギー変換効率　⑦エネルギーの保存　⑧伝導　⑨対流　⑩放射

---

3 質量2kgの物体Aを，図1は，床から30cmの高さまで斜面を使って引き上げたようすを，図2は，床から30cmの高さまで滑車とモーターを使って引き上げたようすを表している。100gの物体にはたらく重力の大きさを1Nとし，滑車やひもの重さ，摩擦は考えないものとして，次の問いに答えなさい。

5点×5(25点)

(1) 図1で，質量2kgの物体Aを斜面を使って30cmの高さまで引き上げたときの仕事の大きさは何Jか。　（　6J　）

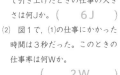
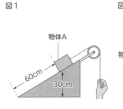
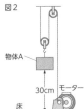

(2) 図1で，(1)の仕事にかかった時間は3秒だった。このときの仕事率は何Wか。
　（　2W　）

(3) 図2で，質量2kgの物体Aを30cm引き上げるのに必要な力の大きさは何Nか。
　（　10N　）

(4) 図2で，(3)のときの仕事の大きさは何Jか。（　6J　）

(5) 図2で，(3)の仕事にかかった時間は5秒だった。このときの仕事率は何Wか。
　（　1.2W　）

4 右の図のように，振り子のおもりをA点で静かにはなすと，おもりは最も低いC点を通った後，E点まで上がった。摩擦や空気の抵抗はないものとして，次の問いに答えなさい。

5点×5(25点)

(1) 位置エネルギーが最大になるのは，A～Eの2つの点にあるときである。その2つの点を答えなさい。　（　A，E　）

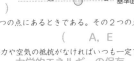

(2) 運動エネルギーが最大になるのは，A～Eのどの点にあるときか。　（　C　）

(3) 位置エネルギーが最小になるのは，A～Eのどの点にあるときか。　（　C　）

(4) 運動エネルギーが最小になるのは，A～Eの2つの点にあるときである。その2つの点を答えなさい。　（　A，E　）

(5) 位置エネルギーと運動エネルギーの和は，摩擦力や空気の抵抗がなければいつも一定である。このことを何というか。
　（　力学的エネルギーの保存　）
　（力学的エネルギー保存の法則）

3

(1)仕事〔J〕＝力の大きさ〔N〕×力の向きに動かした距離〔m〕より，20N×0.3m＝6J

(2)仕事率〔W〕＝$\dfrac{仕事〔J〕}{仕事に要した時間〔s〕}$

$\dfrac{6J}{3s}$＝2W

(3)(4)動滑車では，ひもを引く力の大きさは物体にはたらく重力の半分になり，ひもを引く距離は物体を直接持ち上げる距離の2倍になる。10Nの力でひもを0.6m引くことになるため，
10N×0.6m＝6J

(5)$\dfrac{6J}{5s}$＝1.2W

4

(1)(3)物体のもつ位置エネルギーは，物体の質量が同じであれば，物体の位置が高いほど大きく，低いほど小さい。

(2)(4)物体のもつ運動エネルギーは，物体の質量が同じであれば，物体の速さが速いほど大きく，おそいほど小さい。

(5)位置エネルギーと運動エネルギーの和を力学的エネルギーといい，力学的エネルギーが一定に保たれることを力学的エネルギーの保存（力学的エネルギー保存の法則）という。実際には，摩擦力や空気の抵抗などがあり，保存されない。

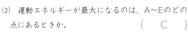

動滑車による仕事をまとめよう！

・力の大きさ…直接持ち上げたときの半分。
・糸を引き上げる距離…物体が持ち上がる距離の2倍。
・仕事の大きさ…直接持ち上げたときと同じ。
※動滑車の質量は考えないものとする。

大地の変化，天気とその変化①

❶ ①マグマ　②火山噴出物　③鉱物　④火成岩　⑤火山岩　⑥深成岩

❷ ①震度　②マグニチュード（M）　③震源　④震央　⑤初期微動　⑥主要動　⑦P波　⑧S波
　⑨初期微動継続時間　⑩津波　⑪隆起　⑫沈降

1 (1)(2) ☆重要 大きな鉱物（斑晶）
が石基という部分に散らばって見
えるつくりを斑状組織といい，同じ
くらいの大きさの鉱物が組み合わ
さったつくりを等粒状組織という。

(3)(4)玄武岩，安山岩などの火山岩は
斑状組織，花こう岩，斑れい岩な
どの深成岩は等粒状組織となる。

2 (1)はじめの小さなゆれを初期微動，
あとの大きなゆれを主要動という。

(2)P波は，$\dfrac{600km}{100s} = 6\,km/s$

S波は，$\dfrac{300km}{100s} = 3\,km/s$

(3)(4)この地点の距離を$x$kmとすると，

P波が届くまでの時間は$\dfrac{x}{6}$秒

S波が届くまでの時間は$\dfrac{x}{3}$秒

初期微動継続時間が15秒より，

$\dfrac{x}{3} - \dfrac{x}{6} = 15$　$x = 90$

(5)この地点にP波が届くのは，

$\dfrac{90km}{6\,km/s} = 15s$

よって，地震が起こった時刻は，
16時12分39秒−15秒＝16時12
分24秒

---

1 右の図は，火成岩を観察したときのつくりを模式的に表したものである。これについて，
次の問いに答えなさい。

4点×8 (32点)

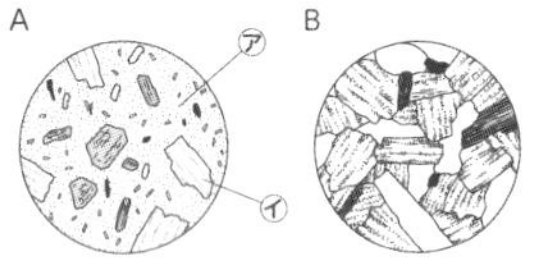

(1) 図のA，Bのつくりをそれぞれ何というか。

　　A（　斑状組織　）B（　等粒状組織　）

(2) 図のAのつくりの⑦，④の部分をそれぞれ何と
いうか。

　　⑦（　石基　）④（　斑晶　）

(3) 図のA，Bのつくりをもつ火成岩をそれぞれ何というか。

　　A（　火山岩　）B（　深成岩　）

(4) (3)のA，Bにあてはまる岩石を，それぞれ次のア〜エからすべて選びなさい。

　　A（　イ，ウ　）B（　ア，エ　）

ア 花こう岩　**イ** 玄武岩　**ウ** 安山岩　**エ** 斑れい岩

2 図1は，ある地震のゆれを地震計で記録したものである。また，図2は，この地震の震源
からの距離と地震発生からP波，S波が届くまでの時間をグラフに表したものである。これ
について，あとの問いに答えなさい。

4点×7 (28点)

図1
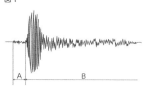

図2
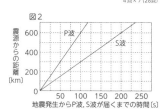

地震発生からP波，S波が届くまでの時間[s]

(1) 図1のA，Bのゆれをそれぞれ何というか。

　　A（　初期微動　）B（　主要動　）

(2) 図2から，P波，S波の速さはそれぞれ何km/sか。

　　P波（　6km/s　）S波（　3km/s　）

(3) 図1が記録された地点では，Aのゆれが15秒間続いた。この地点は，震源から何km離
れているか。　　　　　　　　　　　　　　　（　90km　）

(4) 図1で，Aのゆれが続く時間を何というか。　（　初期微動継続時間　）

(5) 図1の地点で，Aのゆれが始まったのは16時12分39秒だった。この地震が発生した時
刻は，何時何分何秒になるか。　　　　　　　（　16時12分24秒　）

実力アップ！

火山岩と深成岩を区別しよう！

●**火山岩**…マグマが地表や地表近くで急に冷え固まってできる
　　　　　火成岩。例：玄武岩，安山岩，流紋岩

●**深成岩**…マグマが地下深くでゆっくり冷え固まってできる火
　　　　　成岩。例：斑れい岩，せん緑岩，花こう岩

③ ①風化　②侵食　③運搬　④堆積　⑤断層　⑥しゅう曲　⑦堆積岩　⑧示相化石　⑨示準化石
　⑩地質年代　⑪プレート
④ ①気象　②露点　③飽和水蒸気量　④湿度　⑤雲　⑥水の循環

---

3 右の図は，ある崖に現れている地層を観察してスケッチしたものである。これについて，次の問いに答えなさい。

4点×5 (20点)

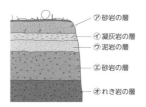

⑦砂岩の層
④凝灰岩の層
⑦泥岩の層
①砂岩の層
⑦れき岩の層

(1) 図の地層の中で，最も古い層はどれか。⑦～⑦から選びなさい。　　（　⑦　）

(2) 過去に火山活動があったことを示す層はどれか。⑦～⑦から選びなさい。　　（　④　）

(3) ⑦，①，⑦の層が堆積したとき，この地域から河口までの距離はどのように変化したと考えられるか。　　（　遠くなっていった。　）

(4) ①の層にはサンゴの化石が見つかった。このことから，①の層が堆積した当時はどのような環境であったことがわかるか。　　（　あたたかくて浅い海　）

(5) ⑦の層のれきは丸みを帯びていた。その理由を簡単に書きなさい。
（　流水に運ばれる間に，角がとれて丸くなったから。　）

4 次のような手順で実験を行った。あとの問いに答えなさい。

4点×5 (20点)

手順1　金属製のコップにくみ置きの水を入れ，温度をはかった。

手順2　図1のように，氷を入れた試験管をコップの中に入れ，水の温度を下げていくと，18℃でコップの表面がくもり始めた。

図1

温度計
試験管
氷
セロハンテープ
金属製のコップ

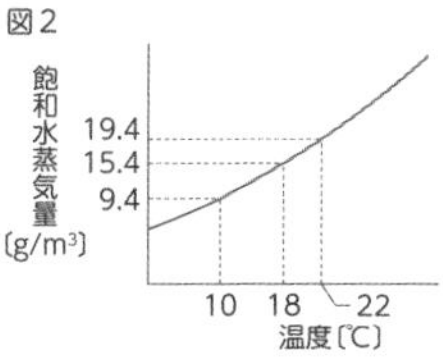

(1) コップの表面がくもり始めたときの温度を，その空気の何というか。　　（　露点　）

(2) 図2は，空気の温度と飽和水蒸気量の関係を示したグラフである。この部屋の空気1m³中にふくまれている水蒸気量はおよそ何gか。　　（　15.4g　）

図2
飽和水蒸気量 [g/m³]
19.4
15.4
9.4
10 18 22
温度[℃]

(3) 実験を行ったときの部屋の空気の温度が22℃であった。このときの湿度は何%か。小数第1位を四捨五入して，整数で答えなさい。
（　79%　）

(4) (3)の空気の温度を10℃まで下げると，空気1m³中に何gの水滴が現れるか。ただし，部屋は閉めきっていて，空気の出入りはないものとする。　　（　6.0g　）

(5) (4)のとき，この部屋の空気の湿度は何%か。　　（　100%　）

ポイント 👍

空気の温度と湿度の変化をまとめよう！

・空気の温度によって，飽和水蒸気量は変化する。
　→空気の温度が高いほど，飽和水蒸気量は大きい。
　→空気中の水蒸気の量が同じとき，空気の温度が上がると，湿度は低くなる。

---

3 (1) ⚠注意　地層は下から上に堆積するので，下にある層ほど古く，上にある層ほど新しい。

(2) 凝灰岩の層は，火山灰や軽石などをふくむため，火山活動があったことを示している。

(3) ⑦れき→①砂→⑦泥の順に，粒の大きいものから小さいものに堆積したと考えられる。したがって，土地の沈降や海水面の上昇などにより，河口から遠くなっていった。

(4) 📖参考　サンゴは，あたたかくて浅い海に生息する。

(5) れき，砂，泥が流水で運搬される間に，角がとれて丸みを帯びる。

4 (1) 空気が冷えて，水滴ができ始めるときの温度を露点という。

(2) グラフより，空気の温度が18℃のときの飽和水蒸気量は15.4gである。

(3) グラフより，空気の温度が22℃のときの飽和水蒸気量は19.4g。(2)より，この部屋の空気1m³中の水蒸気量は15.4gなので，湿度は，
$\dfrac{15.4g}{19.4g} \times 100 = 79.3\cdots$より，
79%

(4) 空気の温度が10℃のときの飽和水蒸気量は9.4gなので，現れる水滴の質量は，15.4g−9.4g=6.0g

(5) 10℃で水滴が出てきたことから，空気は水蒸気で飽和している。よって，湿度は100%である。

10日目 天気とその変化②，地球と宇宙

要点 を確認しよう p.42〜43

1 ①圧力 ②気圧 ③等圧線 ④高気圧 ⑤低気圧 ⑥気団 ⑦前線面 ⑧前線 ⑨停滞前線
⑩寒冷前線 ⑪温暖前線 ⑫閉塞前線 ⑬偏西風 ⑭季節風 ⑮西高東低 ⑯台風

問題 を解こう p.44〜45

1
(1) ⚠注意 低気圧の中心から南西側にのびる前線は寒冷前線，南東側にのびる前線は温暖前線である。

(2) 低気圧の中心に近いほど，気圧が低い。

(3)(4) 寒冷前線（A）では寒気が暖気を押し上げるため，上にのびる雲ができて激しい雨が降り，通過後は気温が急に下がる。

(5) 低気圧の中心付近では，上昇する空気の流れ（上昇気流）ができ，雲ができやすいので，くもりや雨になりやすい。

(6) 📖参考 日本の上空にふく偏西風の影響で，低気圧は西から東へ移動する。

2
(1) 円の中心が観測者の位置なので，油性ペンの先端の影は，円の中心に一致させる。

(2) 天球上で，観測者の真上の点を天頂という。

(3) 太陽の位置を結んだ線を東に延長し，透明半球のふちと交わる点が日の出の位置である。

(4) ☆重要 太陽が南の空で最も高くなることを南中といい，南中高度は，地平線から南中した太陽の印までの角度で表される。

(5)(6) 印の間隔が同じであることから，太陽の動く速さは一定である。このような太陽の1日の見かけの動きを，太陽の日周運動という。

---

1 右の図は，日本付近の天気図で見られる，前線をともなう温帯低気圧を表したものである。これについて，次の問いに答えなさい。
4点×7(28点)

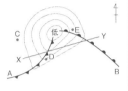

(1) A，Bの前線の名称を答えなさい。
A（ 寒冷前線 ） B（ 温暖前線 ）

(2) C〜Eの地点で，最も気圧が低いのはどこか。
（ E ）

(3) 前線A，Bを図のようにX-Yで切ったときの断面図を，次のア〜エから選びなさい。ただし，➡は暖気，➡は寒気の動きを表すものとする。
（ ウ ）

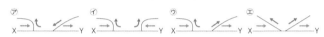

(4) C〜Eの地点で，このあと激しい雨が降り，前線通過後は気温が下がると思われるのはどこか。
（ D ）

(5) この低気圧の中心付近での空気の流れは，下降気流，上昇気流のどちらか。
（ 上昇気流 ）

(6) この低気圧は，このあと，どの方位からどの方位へ移動すると考えられるか。東，西，南，北から2つの方位を使って答えなさい。
（ 西から東 ）

2 右の図は，日本のある地点で，太陽の位置を一定時間おきに透明球に印をつけ，なめらかな線で結んだものである。これについて，次の問いに答えなさい。
4点×6(24点)

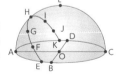

(1) 太陽の位置を記録するとき，油性ペンの先端の影は，どこと一致させればよいか。A〜D，Oから選びなさい。
（ O ）

(2) Oの真上の点Lを何というか。（ 天頂 ）

(3) 日の出の位置は，E，Kのどちらか。（ E ）

(4) 図のHは，太陽が最も高くなったときの位置である。このときの太陽の高度はどのように表されるか。∠ABCのように答えなさい。
（ ∠AOH(∠HOA) ）

(5) 一定時間ごとの太陽の位置の間隔は同じであった。このことから，太陽の動く速さはどのようであるといえるか。
（ 一定である。 ）

(6) このような，太陽の1日の見かけの動きを何というか。（ （太陽の）日周運動 ）

実力アップ！

天気の変化から，寒冷前線と温暖前線を区別しよう！

● 寒冷前線…せまい範囲に強い雨が短時間降る。通過後は，風向が南寄りから北寄りに変わり，気温が下がる。

● 温暖前線…広い範囲に弱い雨が長く降り続く。通過後は，気温が上がる。

② ①南中　②南中高度　③地軸　④自転　⑤天球　⑥天頂　⑦日周運動　⑧公転　⑨年周運動　⑩黄道

③ ①月の満ち欠け　②日食　③月食　④恒星　⑤惑星

④ ①黒点　②太陽系　③地球型惑星　④木星型惑星　⑤衛星　⑥小惑星　⑦銀河系　⑧銀河

3 図1は，太陽，金星，地球の位置関係を示したものである。これについて，次の問いに答えなさい。

4点×7 (28点)

(1) 金星の公転の向きは，A，Bのどちらか。　（　A　）

(2) 夕方に金星が見えるのは，金星がどの位置にあるときか。⑦〜⑰からすべて選びなさい。　（　⑦，⑦　）

(3) 金星が最も大きく見えるのは，金星がどの位置にあるときか。⑦〜⑰から選びなさい。　（　⑦　）

(4) 金星が最も小さく見えるのは，金星がどの位置にあるときか。⑦〜⑰から選びなさい。　（　⑦　）

(5) 金星が⑦の位置にあるとき，金星はどのような形に見えるか。図2のa〜eから選びなさい。　（　c　）

(6) 地球から金星を観察することができないのは，金星がどの位置にあるときか。⑦〜⑰から選びなさい。（　⑰　）

(7) 金星を真夜中に見ることができないのはなぜか。簡単に答えなさい。

（　金星は，地球より内側を公転しているから。　）

図1

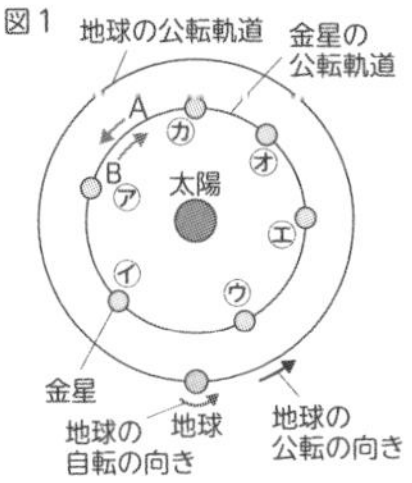

地球の公転軌道　金星の公転軌道　太陽　金星　地球の自転の向き　地球の公転の向き

図2 (実物と上下左右は同じ。)

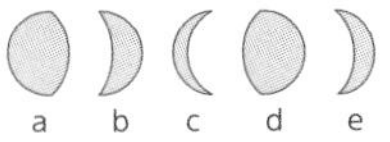

a　b　c　d　e

4 右の図は，太陽投影板をとりつけた天体望遠鏡を用いて，太陽の表面のようすを観察し，スケッチしたものである。ただし，記録紙上の方位は，太陽の像が記録用紙からずれていく方向を西としている。これについて，次の問いに答えなさい。

4点×5 (20点)

(1) 記録用紙にある，しみのような黒い部分を何というか。　（　黒点　）

(2) (1)の部分が黒く見えるのはなぜか。簡単に答えなさい。

（　まわりより，温度が低いから。　）

12月11日 午前11時　北　西　東　南

12月13日 午前11時　北　西　東　南

(3) 黒い部分が時間の経過とともに記録用紙上を移動することから，どのようなことがわかるか。次のア〜エから選びなさい　（　イ　）

ア 太陽の公転　イ 太陽の自転　ウ 地球の公転　エ 地球の自転

(4) 記録用紙の中央部で円形に見えた黒い部分は，周辺部では細長い楕円形に見える。このことから，太陽はどのような形をしているといえるか。　（　球形(球体)　）

(5) 太陽と，太陽を中心として運動している惑星などの天体の集まりを何というか。

（　太陽系　）

ポイント 2

金星の見え方をまとめよう！

・明け方の東の空に見える→「明けの明星」という。

・夕方の西の空に見える→「よいの明星」という。

・地球より内側を公転している→真夜中は見えない。

・太陽光を反射して光る→満ち欠けをする。

3 (1)金星の公転の向きは，地球の公転の向きと同じである。

(2)地球から太陽に向かって，右側が明け方，左側が夕方に見える位置である。よって，金星が夕方に見える位置は⑦，⑦である。

(3)(4)(6)金星は，地球に近いほど大きく見え，遠いほど小さく見える。ただし，⑰のように，太陽と同じ方向にあるときは，地球から見ることができない。

(5)金星が⑦の位置にあるときは，太陽が金星の左側にあることから，左側が光って見える。また，地球に非常に近いので，大きく欠けた形に見える。

(7)金星は地球より内側を公転しているため，地球から見て太陽と反対側にくることがない。そのため，地球から真夜中に金星を見ることができない。

4 (1)(2)黒点の温度は約4000℃で，まわりの温度の約6000℃より低いために黒く見える。

(3)黒点の位置が移動するのは，太陽が自転しているためである。

(4)太陽は球形なので，中央部で円形に見えた黒点が，周辺部では細長い楕円形に見える。

(5)太陽と，太陽のまわりを公転している惑星や，衛星，小惑星，太陽系外縁天体などの集まりを太陽系という。

入試チャレンジテスト **理科** 　解 答 と 解 説

			解答				採点基準	正誤（○×）を記入			配点	
1	(1)	①	オーム	②	進化	③	侵食	⑤は，「デオキシリボ核酸」も正答			各2	12	30
		④	分子	⑤	DNA	⑥	燃料						
	(2)		ア			オ		完答，順不同			3	3	
	(3)			ア，ウ				順不同			3	3	
	(4)			0.3 (g)							3	3	
	(5)			68 (%)							3	3	
	(6)	①	胚珠	②		胚		完答			3	3	
	(7)			D							3	3	
2	(1)			ウ							3	3	9
	(2)			ウ							3	3	
	(3)			ア							3	3	
3	(1)			イ							3	3	15
	(2)			けん							3	3	
	(3)	②	ア		③	ウ		完答			3	3	
	(4)			ア							3	3	
	(5)			相同（器官）							3	3	
4	(1)			日周運動							2	2	20
	(2)			点O				「円の中心」，「O」も正答			2	2	
	(3)			イ							2	2	
	(4)			ウ							3	3	
	(5)							東，天頂，西の３点を通り，なめらかな曲線であれば正答			4	4	
	(6)			北極星が地軸の延長線上にあるから。				同じ要旨であれば正答			4	4	
	(7)	東	イ	西	ア	南	エ　北	ウ	完答		3	3	
5	(1)			酸（性）							2	2	26
	(2)			0.16 (g)							3	3	
	(3)			ウ							3	3	
	(4)	①	H^+	②	OH^-	③	中和				各3	9	
	(5)	①	B		②	A					各3	6	
	(6)			イ							3	3	

問題	1	2	3	4	5	合計
得点						

※この「解答と解説」は，各都道府県発表の解答例をもとに文理編集部が作成したもので，内容に関する一切の責任は文理編集部にあります。

1 (2)重力は地面から離れていてもはたらき，磁石の力も磁石から離れていてもはたらく。

(4)図1より，加熱前の銅の粉末1.2gは，加熱後には1.5gになっている。

(5)乾球の示度10.0℃と湿球の示度7.5℃の差は，10.0℃－7.5℃＝2.5℃　乾球の示度10.0℃と乾球の示度と湿球の示度の差2.5℃の湿度を表から読みとる。

(6)子房にある胚珠の中の卵細胞の核と精細胞の核が合体して，受精卵ができる。受精卵は細胞分裂をくり返して胚になり，胚をふくむ胚珠全体が種子になる。

(7)導線に近いほど，電流による磁界は強くなる。

2 (1)蛍光板を光らせる粒子（電子）は，－極から＋極に向かって流れ，－の電気をもっているため，＋極（電極板X）の側に曲がる。

(2)電力〔W〕＝電圧〔V〕×電流〔A〕，電流〔A〕＝電圧〔V〕÷抵抗〔Ω〕　各回路の電池の電圧が等しいことから，抵抗の大きさが大きいほど，電力は小さくなる。抵抗の大きさは，回路B＞回路A＞回路Cなので，電力の値は，*b*＜*a*＜*c*となる。

(3)物体と同じ大きさの像ができるときは，物体と凸レンズとの距離が，焦点距離の2倍のときである。よって，焦点距離が15cmの凸レンズにとりかえて，物体と凸レンズとの距離を20cmにすると，物体と凸レンズとの距離が焦点距離の2倍の30cmより短くなるため，凸レンズとスクリーンとの距離は長くなる。

3 (1)クモ，ミミズ，アサリは無脊椎動物で，クモは節足動物，アサリは軟体動物である。

(3)神経系は，脳や脊髄などの中枢神経と，そこから出ている末しょう神経からなる。末しょう神経のうち，脳や脊髄からの命令の信号を筋肉へ伝える神経は運動神経で，感覚器官からの刺激の信号を脳や脊髄へ伝える神経は感覚神経である。

(4)うでを曲げるときは，内側の筋肉Aが縮み，外側の筋肉Bがゆるむ。うでをのばすときは，外側の筋肉Bが縮み，内側の筋肉Aがゆるむ。

4 (3)地球の自転は，北極の上空から見ると反時計回りであることと，太陽の光の当たり方から考えて，アは15時ごろ，イは9時ごろ，ウは21時ご

ろ，エは3時ごろと考えられる。

(4)2時間で7.2cmなので，1時間では3.6cm。よって，EQの長さ4.2cmは，4.2cm÷3.6cm＝$\frac{7}{6}$時間＝1時間10分。点Eは17時なので，日の入りの点Qは，17時の1時間10分後の18時10分である。

(5)赤道付近では，太陽は，地平線から垂直にのぼり，垂直に沈む。春分と秋分の日は，地軸の傾きが太陽の方向に対して0°になるため，赤道付近での太陽の南中高度は90°となる。よって，天球上では，真東から出て，天頂を通り，真西へ沈む。

(7)星は，北半球では天の北極を中心に回転して見えるが，南半球では天の南極を中心に回転して見える。そのため，南半球での太陽や星は，東からのぼり，北の空を通って，西へ沈む。

5 (2)密度は1cm³あたりの質量なので，2％の水酸化ナトリウム水溶液の質量は，1.0g/cm³×8cm³＝8.0g　よって，2％の水酸化ナトリウム水溶液にふくまれる水酸化ナトリウムの質量は，8.0g×$\frac{2}{100}$＝0.16g

(3)BTB溶液は，酸性で黄色，中性で緑色，アルカリ性で青色を示す。牛乳は中性，炭酸水は酸性，石けん水はアルカリ性，アンモニア水はアルカリ性，レモン水は酸性，炭酸ナトリウム水溶液はアルカリ性，食塩水は中性，石灰水はアルカリ性である。

(5)①中和のとき，酸の水素イオンとアルカリの水酸化物イオンが結びついて水ができる。そのため，水酸化ナトリウム水溶液の水酸化物イオンの数は，水溶液が中性になるまで0で，中性になったあとはふえ続ける。

②塩化物イオンの数は，加えた水酸化ナトリウム水溶液の量に関係なく，一定である。

(6)表より，2％の塩酸5cm³に2％の水酸化ナトリウム水溶液2cm³を加えたときの水溶液は酸性を示す。このとき，水溶液中には水素イオンと塩化物イオンとナトリウムイオンがある。水素イオンと塩化物イオンは結びついて塩化水素として気体となるため，塩化ナトリウムの結晶が残る。

 巻末の「ふりかえりシート」に，きみの得点を記入しよう！

10日間ふりかえりシート

このテキストで学習したことを，①～③の順番でふりかえろう。

① 各単元の 問題を解こう の得点をグラフにして，苦手な単元は復習しよう。
② 付録の「入試チャレンジテスト」を解いて，得点をグラフにしよう。
③ すべて終わったら，受験までの残りの期間でやることを整理しておこう。

① 得点を確認する

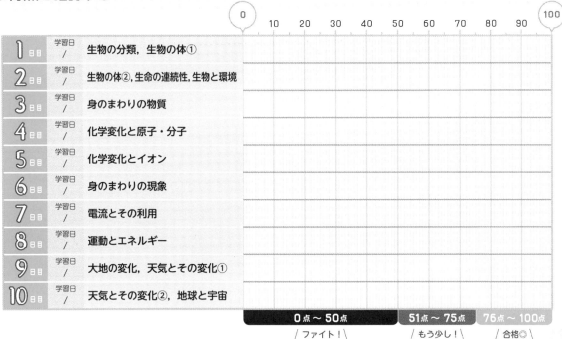

	0点～50点	51点～75点	76点～100点
	＼ファイト！／	＼もう少し！／	＼合格◎／

	学習日	
1日目	/	生物の分類，生物の体①
2日目	/	生物の体②，生命の連続性，生物と環境
3日目	/	身のまわりの物質
4日目	/	化学変化と原子・分子
5日目	/	化学変化とイオン
6日目	/	身のまわりの現象
7日目	/	電流とその利用
8日目	/	運動とエネルギー
9日目	/	大地の変化，天気とその変化①
10日目	/	天気とその変化②，地球と宇宙

② テストの得点を確認する

入試チャレンジテスト	

③ 受験に向けて，課題を整理する

受験までにやること
-
-
-

合格めざして
頑張ろうね。